우리가 알고 싶은 **네모 속의 수학**

일러두기

– 본문 하단의 각주는 옮긴이가 독자의 이해를 돕고자 달아둔 것입니다.

우리가 알고 싶은 **네모 속의 수학**

MATHS SQUARED 01

2016년 12월 31일 초판 1쇄 발행

지은이 | 레이철 토머스 · 메리앤 프라이버거

옮긴이 | 정동영

감 수 | 조성경

펴낸곳 | 도서출판 이새

펴낸이 | 임진택

책임편집 | 남미은

출판등록 | 제2015-000223호

등록일자 | 2015년 07월 21일

주소 | 서울시 마포구 월드컵북로 400 문화콘텐츠센터 5층 4호

전화 | 02-305-6200, 070-4275-5802(팩스)

이메일 | info@isaebooks.com

홈페이지 | www.isaebooks.com

ISBN | 979-11-956236-6-2 04400

979-11-956236-5-5 04400(세트)

- 잘못된 책은 구입하신 서점에서 바꾸어드립니다.
- 가격은 뒤표지에 있습니다.
- 도서출판 이새는 독자 여러분들의 소중한 아이디어와 원고 투고를 기다리고 있습니다.
  원고가 있으신 분은 info@isaebooks.com으로 간단한 개요와 취지, 연락처 등을 보내주세요.

이 도서의 국립중앙도서관 출판예정도서목록(CIP)은 서지정보유통지원시스템 홈페이지(http://seoji.nl.go.kr)와 국가자료공동목록시스템(http://www.nl.go.kr/kolisnet)에서 이용하실 수 있습니다. (CIP제어번호 : 2016023135)

MATHS SQUARED | 01

우리가 알고 싶은 네모 속의 수학

레이철 토머스 · 메리앤 프라이버거 지음 | 정동영 옮김 | 조성경 감수

Maths Squared : 100 Concepts you should know

First published in the UK in 2016 by
Apple Press
74-77 White Lion Street
London N1 9PF
United Kingdom

www.apple-press.com

차례

들어가며

인간은 문명이 시작되면서부터 어떤 형태로든 수학을 사용해왔다. 사냥한 것을 나누고 아이들이 몇 명인지 센다거나 식구들이 살아갈 움막을 지을 때도. 다른 영장류도 그렇겠지만, 우리는 생존에 필수적인 수와 도형에 대한 이해력을 타고났다.

지난 1,000년간 수학은 단순한 도구 이상으로 발전했다. 오늘날 수학은 과학의 언어다. 수학은 우리의 디지털 세상에 동력을 제공하고 놀랍도록 현실적인 컴퓨터 게임과 영화 이미지들을 만들어낼 수 있게 한다. 우리를 우주로 데려가기도 하고 복잡한 의료장비를 개발할 수 있게도 한다. 우리가 어떤 것, 예컨대 의약품의 효능이건 정책의 효과이건 간에, 그것을 비판적으로 평가할 때마다 우리는 수학에 의지한다. 수학이 우리가 살고 있는 세상을 이해하고 설명하는 데 왜 그렇게 효과적이어야 하는지는 미스터리다. 사실은 시각적이건 물리적이건 또는 머릿속에 있는 것이건 간에 어떤 모양과 패턴을 조사하거나 설명하려 할 때마다 우리는 종종 자기도 모르게 바로 수학적 아이디어를 적용한다.

하지만 이는 수학으로 할 수 있는 일의 채 절반도 되지 않는다. 수학은 그 자체로도 심오한 아름다움을 가진 언어다. 하나의 음악 작품같이 수학은 논리의 리듬 주위를 날아 자체의 최면구조를 짠다. 많은 수학자가 혼자 이 기쁨을 누리고, 자신들의 발견이 확대할 응용 분야에는 관심이 없다. 사람들의 믿음과는 반대로 수학은 탐구할 것이 아직 많이 남아 있는 역동적이고 변화하는 주제다.

아름다운 것: 3차원 정십이면체는 십이면체의 4차원 상사물*이다. 4차원이므로 그것을 실제 그대로 시각화할 수는 없다. 위 그림은 3D 공간에 그것을 투영한 것이다.

* 모양, 성질 또는 의미 등이 비슷한 것.

이 책은 당신이 알고 싶어하는(알기를 원할 거라 생각하는) 100가지 개념을 소개한다. 왜 100가지인가? 어떤 면에서는 유용하고, 다른 면에서는 재미있거나 아름답거나, 그냥 신기하기 때문이다. 이 책은 당신을 수학의 기본 개체(basic objects), 곧 수와 도형으로부터 믿기 힘든 기하학, 더 높은 단계의 논리와 무한대의 공간으로 데려간다. 수학은 당신이 원하기만 한다면 최상의 재료와 혼합물로 만든 맛보기 메뉴를 제공해야만 한다.

열 개의 장(章)은 각각 다시 맛있게 쪼개진 열 가지 수학 개념을 소개한다. 첫 번째 주제는 소화하기 쉬운 것이다. 단순한 삼각형처럼 친숙한 것이다. 그리고 각 장의 마지막 주제는 수학적 지식의 범위를 넘나드는 중요한 결과나 사건으로서 깊이 음미해보아야 할 것들이다. 여기에는 중요한 미해결 문제가 포함되어 있으며, 그중 몇몇은 지난 수세기 동안 수학자들을 조롱하던 것이기도 하다. 이를테면 2003년 그리고리 페렐만의 '푸앵카레 추측' 증명 같은 중요한 증명들, 그리고 아인슈타인의 일반상대성이론 같은 수학적 이론이 그러하다.

그 외의 나머지는 틀림없이 한입 베어 먹기만 하면 몇 분 안에 소화가 가능한 이야기들일 것이다. 우리의 목표는 우리가 운 좋게도 매일 즐기는 이런 주제를 다른 사람들도 음미하게 하는 것이며, 이 맛있는 한 입이 수학을 찾고 탐구하는 당신의 식욕을 더욱더 돋우길 바란다. 자 마음껏 드시라!

이 책에서 다루는 주제로는 이런 것들이 있다(맨 위의 왼쪽부터 오른쪽 아래까지): 벽지 패턴–페아노 공리–집합원의 개수–쌍곡선–쌍곡기하학–나비효과–무작위성–공리체계–그리고 π(파이, *pi*).

수

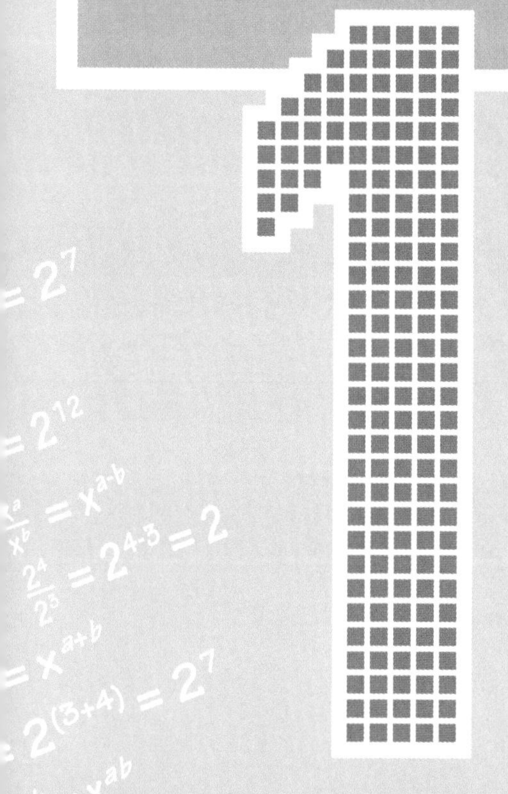

'수학'을 생각할 때 머릿속에 가장 먼저 떠오르는 게 수(數)다. 우리는 대부분 태어나서 몇 년간은 하나, 둘, 셋…… 같은 자연수와 마주한다. 수학과의 첫 만남은 그 수를 가지고 더하기, 빼기, 곱하기와 나누기를 배울 때 이루어진다.

이 장에서 우리는 수의 선(the number line)으로 여행을 떠난다. 수 '0'은 오늘날에는 당연한 것처럼 받아들여지지만, 비교적 최근에 만들어진 것이다. 우리는 수를 쓰는 것이 너무 익숙해 썩 주의를 기울인 적이 없지만 사실 그것은 믿을 수 없을 만큼 현명한 방법임을 알게 될 것이다. 그리고 거듭제곱이 어떻게 매우 큰 수와 매우 작은 수를 쓰고 계산하는 힘을 길러주는지를 발견하게 될 것이다.

이 장에서 우리는 또 자연수의 특별한 종류에 대해 생각해볼 것이다. 이를테면 1과 그 자신으로만 나누어질 수 있는 것이 '소수'다. 어떤 의미에서 소수는 다른 모든 수의 DNA를 부호화한다.

그래서 수학자들은 소수를 사랑한다. 수학자들은 항상 아무도 찾지 못한 더 큰 소수를 찾아 헤매며, 그것이 다른 모든 수와 어떻게 어우러질 수 있는지를 이해하는 데 많은 시간을 보낸다. 수학에서 아직껏 풀리지 않은 가장 어려운 문제들 중 몇 가지가 소수와 관련되어 있으며, 우리는 그중 두 가지 사례를 이 장에서 보게 될 것이다.

하지만 이 장은 자연수에서 끝나지 않는다. 분수, 음수, 유리수, 복소수와 그 이상까지 다룬다. 우리는 바로 이러한 주제를 따라 여행하며 그것들을 순서대로 만나면서 각각의 감추어진 패턴과 구조를 밝힐 것이다.

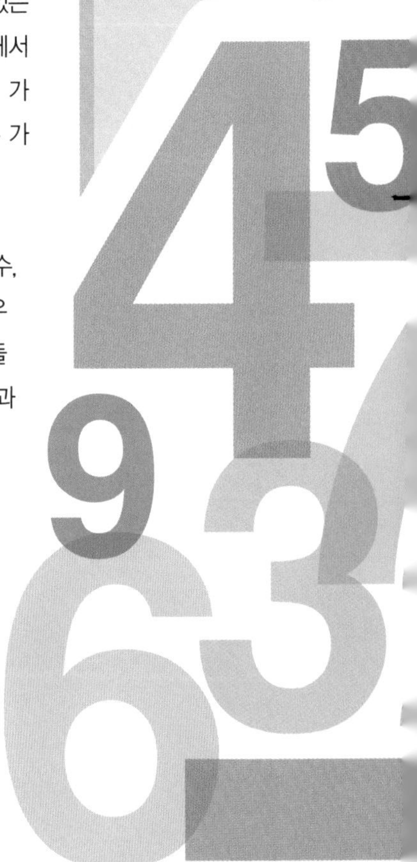

차례

1.1 수의 선

자연수는 사람이 숫자를 세기 시작할 때부터 있었지만 영(0)은 비교적 최근에 추가되었다.

1, 2, 3, 4와 같이 셀 수 있는 수는 고대 인류에게 그랬듯이 어린아이들도 쉽게 이해할 수 있는 것이어서 **자연수**라고 불린다. 어떤 자연수에도 항상 1을 더할 수 있으므로 자연수는 무한정하다. 숫자로 이루어진 선이 지평선 너머로 무한정 뻗어나간다고 생각하면 이해하기 쉽다.

그런데 '영(0)'은 어떤가? 이 숫자는 수학 분야에서 비교적 최근에 추가된 것이다. 수천 년 전에 이미 사람들은 숫자를 기록하기 시작했지만, 기원후 7세기가 되어서야 인도 수학자들이 '영'을 그 자체가 의미를 갖는 숫자로 다루기 시작한 것으로 보인다. 우리가 사용하는 숫자의 형태와 마찬가지로 '영'의 형태도 인도에서 유래했다.

오늘날 우리는 '영'을 보통의 숫자로 취급한다. 다른 숫자들처럼 '영'도 계산의 결과일 수 있다. 만약 은행 계좌에 100원이 있었는데 100원을 인출했다면 잔고가 100−100으로 '영'이 된다.

그런데 만약 120원을 인출한다면, 당신은 이제 '음수'의 세계로 들어가게 된다. '영'과 함께 음수를 수의 선에 이으면 양방향으로 무한정한 수의 선이 된다. 산수는 이 무한대의 선에서 위아래로 오르내리는 운동이 된다.

어떤 문화권에서는 처음 몇 개의 자연수는 그것에 해당하는 단어를 쓰지만 그 이외의 숫자는 그냥 '많다'라고 표현하기도 한다.

수는 이 무한대의 선에서 위아래로 오르내리는 운동이다.

더하기

$$a+(-b)=a-b$$

이런 뜻

$$4+(-2)=4-2$$

빼기

$$a-(-b)=a+b$$

이런 뜻

$$4-(-2)=4+2$$

곱하기

$$a\times(-b)=(-a)\times b=-(a\times b)$$

이런 뜻

$$4\times(-2)=(-4)\times 2=-(4\times 2)$$

음수의 곱

$$(-a)\times(-b)=a\times b$$

이런 뜻

$$(-4)\times(-2)=4\times 2$$

콩고에서 발견된 이상고 뼈(Ishango bone)는 인간이 계산에 사용한 최초의 도구로 약 2만 년 전의 유물이다.

누구나 양의 수를 가지고 간단한 계산을 할 수 있다. 문제는 음의 수를 가지고 계산을 할 때다. 하지만 몇 가지 간단한 룰만 기억한다면 삶은 편리해진다.

1.2 위치수체계

왜 우리는 숫자를 독창적으로 만들어 쓰지(write) 못할까?

우리는 자연수를 쓰는 방식에 너무 익숙해진 나머지 기호와 숫자를 분리하기가 쉽지 않다. 그 때문에 우리의 수체계가 얼마나 현명한지를 놓치기 쉽다.

423이란 숫자를 보자. 여기서 기호 '4'는 단순히 숫자 4가 아니라 400을 나타낸다. 마찬가지로 기호 '2'는 20을 나타낸다. 오로지 기호 '3'만이 순전한 3을 나타낸다. 423이라고 쓰는 것은 다음과 같은 것의 약식이다.
[4×100]+[2×10]+[3×1].

기호의 의미는 수의 선상에서 어떤 위치를 차지하느냐에 좌우된다. 따라서 오른쪽에서, 첫 번째 숫자는 단 단위의 개수를, 두 번째 숫자는 10단위의 개수를, 세 번째 숫자는 100단위의 개수를 나타낸다. 왼쪽으로 한 숫자씩 옮겨 갈 때마다 세고 있는 단위 수량에 10씩을 곱해주어야 한다. 이 아이디어는 큰 숫자를 새로운 기호를 만들지 않고 경제적으로 표기할 수 있게 해주는 현명한 방법이다.

위치에 따른 수체계는 10이라는 수에 기반하고 있어 **십진법**이라 불린다. 한편 수체계는 다른 어떤 수에도 기초할 수 있다. 예컨대 디지털 정보는 0과 1만 사용하는 2라는 수에 기초한다.

바빌론 사람들도 위치에 따른 수체계를 만들었는데, 십진법이 아닌 육십진법이었다.

바빌론 사람들이 사용한 숫자

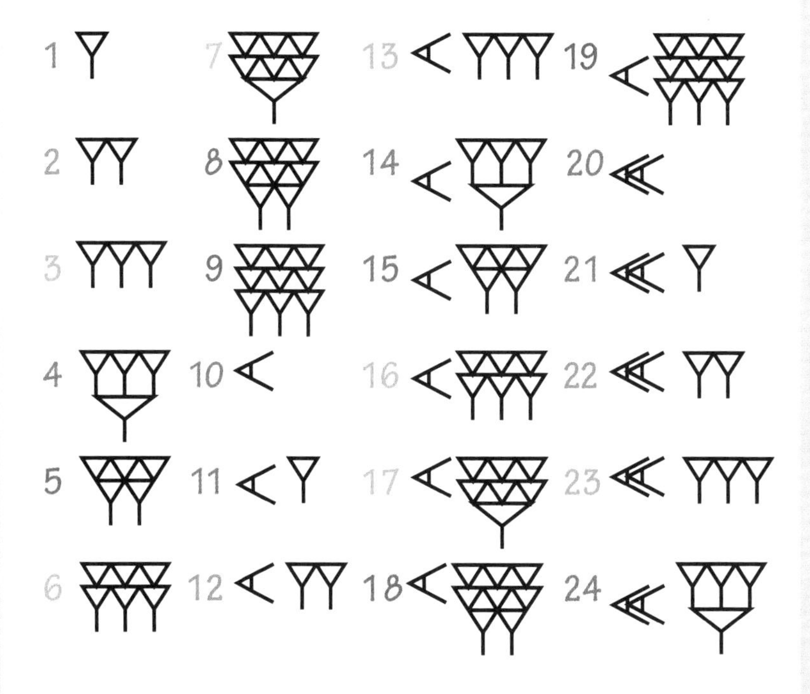

위 그림은 바빌론 사람들이 사용한 숫자의 일부다. 우리와는 달리 그들의 수체계는 60에 기초한 육십진법이다.

1.3 거듭제곱

수학은 매우 효율적인 언어다. 거듭제곱을 사용하면 수를 짧게 표현할 수 있을 뿐 아니라 계산도 쉬워진다.

2×2는 2^2로 쓸 수 있다.
$2\times2\times2$는 2^3으로, 그리고
$2\times2\times2\times2\times2\times2\times2\times2\times2\times2\times2\times2\times2\times2\times2\times2\times2\times$
$2\times2\times2\times2\times2\times2\times2\times2\times2\times2\times2\times2\times2\times2\times2\times2\times2\times$
$2\times2\times2\times2\times2\times2\times2\times2\times2\times2\times2\times2\times2\times2\times2\times2$는 2^{50}으로 쓰고 이것을 우리는 '2의 50승'이라고 말한다. 이는 곱하는 숫자를 모두 쓰는 것보다 훨씬 효율적일 뿐 아니라, 결과의 실제 값을 쓰는 것보다도 짧다. $2^{50}=1,125,899,906,842,624$

거듭제곱(멱수)을 사용하면 긴 계산을 쉽게 할 수 있다. 8,388,608×134,217,728을 머릿속으로 계산해서 답을 얻기는 불가능할 테고 연필과 종이를 이용한다 해도 시간이 걸릴 것이다. 하지만 $2^{23}\times2^{27}$에 대한 계산은 지수의 규칙을 활용하면 간단하다. 지수를 가진 어느 한 숫자와 또 다른 지수를 가진 동일한 숫자의 곱은 단순히 지수끼리 더해주기만 하면 되기 때문이다.
$2^{23}\times2^{27}=2^{23+27}=2^{50}$

거듭제곱은 나누기도 간편하게 만든다. $2^a/2^b=2^{a-b}$
지수끼리의 계산도 간편해진다. $[2^a]^b = 2^{a\times b}$
어떤 숫자를 음의 지수로 거듭제곱할 수도 있다.
$2^{-a}=2^0\times2^{-a}=1/2^a$

27

$1,024^5$을 계산해보라. 만약 $1,024=2^{10}$임을 깨닫는다면 계산은 훨씬 간단해진다. $[2^{10}]^5=2^{10\times5}=2^{50}$

거듭제곱으로 계산하기

$$x^a \times x^b = x^{a+b}$$

이런 뜻

$$2^3 \times 2^4 = 2^{(3+4)} = 2^7$$

$$(x^a)^b = x^{ab}$$

이런 뜻

$$(2^3)^4 = 2^{3\times4} = 2^{12}$$

$$x^{-a} = \frac{1}{x^a}$$

이런 뜻

$$2^{-3} = \frac{1}{2^3} = \frac{1}{8}$$

$$\frac{x^a}{x^b} = x^{a-b}$$

이런 뜻

$$\frac{2^4}{2^3} = 2^{4-3} = 2$$

거듭제곱을 활용하는 규칙. 위 그림의 맨 윗부분은 지수를 가진 수끼리 곱하기의 예이며, 중간 부분은 지수를 가진 수의 지수 계산의 예이고, 맨 아랫부분은 지수를 가진 수끼리 나누기의 예다.

1.4 과학적 표기법

한 숫자를 거듭제곱으로 표시하면 매우 큰 수의 계산을 빠르게 할 수 있으며, 숫자 몇 개로 아주 크거나 아주 작은 수를 나타낼 수 있다.

검색엔진 구글(Google)은 숫자를 따서 이름을 만들었다(틀린 철자 하나는 제외하고). 1929년 미국의 수학자 에드워드 케스너(Edward Kasner)는 **구골**(googol)을 1 뒤에 '0'이 100개가 있는 수로 정의했다. 하지만 101개 자릿수의 숫자를 모두 쓰는 대신 그 숫자는 10^{100}으로 나타낼 수 있다(1.3 참조).

어느 한 숫자에 10을 곱할 때마다 원래의 숫자 뒤에 '0'이 더해진다.

$1\times10=10,$
$1\times10^2=1\times100=100$

따라서 매우 큰 숫자를 쓰고 싶다면 이 **과학적 표기법**으로 간단히 표기할 수 있다.
$1\times10^n=1$ 뒤에 '0'이 n개가 있음

예를 들면, 빛의 속도는 대략 '초당 300,000,000m'인데, 과학적 표기법을 사용해 '초당 3×10^8m'라고 쓸 수 있다.

또한 아주 작은 수를 표현할 때도 음의 지수를 활용해 같은 표기법을 활용할 수 있다(21쪽 참조). 즉 1/10을 10^{-1}, 1/100을 10^{-2}과 같이 쓸 수 있다.

전자계산기에서 3×10^8은 3*e*8 또는 3*EX*8로 표시된다.

매우 작은 입자

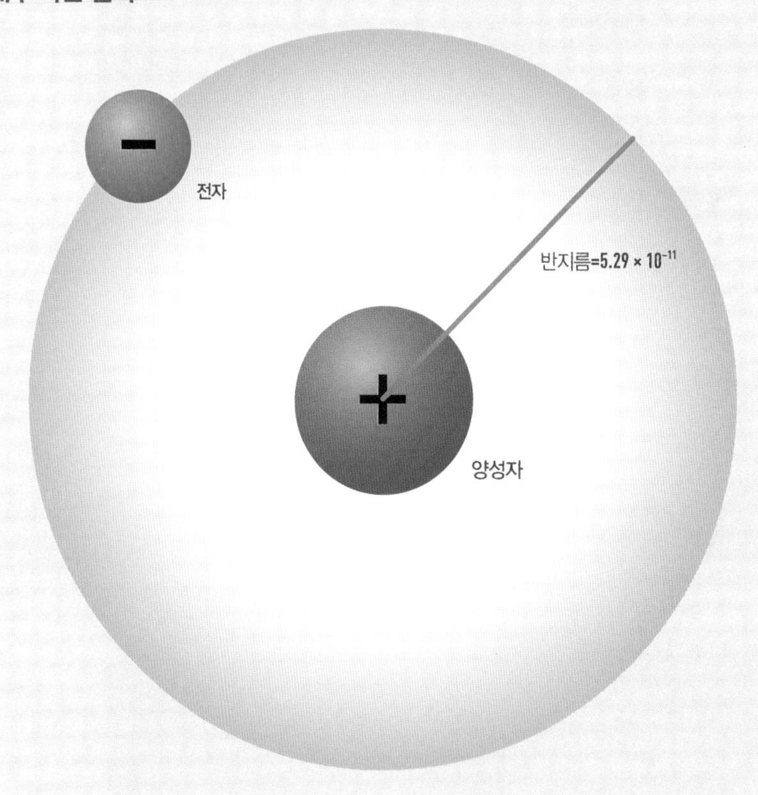

수소 원자의 반지름과 같이 매우 작은 수치를 나타낼 때 0.0000000000529m 보다는 간단히 5.29×10^{-11}m로 쓰는 편이 낫다.

1.5 소수

소수는 자연수의 DNA다.

어떤 수들은 나누기가 쉽다. 예를 들어 4는 2×2이다. 12는 2×6이거나 3×4이다. 하지만 모든 수가 이렇게 되지는 않는다.

3을 다른 수 두 개의 곱으로 만들어본다면 가능한 방법은 오로지 1×3뿐이다. 5[1×5]와 7[1×7]도 마찬가지다. 바로 이런 수가 소수다. **소수**란 1과 그 자신으로만 나누어지는 수를 말한다. 23쪽 도표에 100 이하의 모든 소수를 실었다.

소수는 수학적 측면의 원자(atom)에 해당한다. 소수 이외의 다른 모든 수는 소수의 조합이다. 예를 들면,

24=2×2×2×3.

여기서 모든 인수는 소수이며 더는 나누기가 안 된다. 어떤 의미에서 네 개의 인수(因數; 세 개의 2와 한 개의 3)는 24를 나타내는 유일한 DNA다.

같은 방식으로 모든 수는 소수의 곱으로 나타낼 수 있다. 이를 연산의 기본 정리(the fundamental theorem of arithmetic)라고 하며, 기원전 약 300년에 고대 그리스 알렉산드리아의 수학자 유클리드(Euclid)에 의해 처음으로 증명되었다. 유클리드는 소수가 무한대로 있다는 것도 보여주었다. 하지만 이 모든 소수를 다 찾을 수 있을까?(1.6 참조)

모든 소수는
6의 배수에서 +1이나
-1을 한 형태다.

소수

1	2	3	4	5	6	7	8	9	10
11	12	13	14	15	16	17	18	19	20
21	22	23	24	25	26	27	28	29	30
31	32	33	34	35	36	37	38	39	40
41	42	43	44	45	46	47	48	49	50
51	52	53	54	55	56	57	58	59	60
61	62	63	64	65	66	67	68	69	70
71	72	73	74	75	76	77	78	79	80
81	82	83	84	85	86	87	88	89	90
91	92	93	94	95	96	97	98	99	100

소수	
2의 배수	3의 배수
5의 배수	7의 배수

이 도표는 1에서 100까지의 수에서 소수, 그리고 비(非)소수의 가장 작은 인수를 보여준다.

1.6 거대소수

'가장 큰 소수 찾기'가 인기 있는 수학적 취미가 되었다.

우리는 무한대로 많은 소수가 존재한다는 것은 확실히 알지만 불행히도 그것들을 쉽게 찾아낼 방법은 없다. 이는 짝수의 상황과는 완전히 대조적이다. 짝수도 무한정 많지만 0, 2, 4, 8 중의 하나로 끝난다는 점 때문에 찾아내기는 쉽다.

소수에는 그런 요령이 통하지 않는다. 어느 숫자가 소수인지를 알려면 매우 큰 용량의 계산능력이 필요하다. 이 때문에 지금까지는, 알려지지 않은 소수를 새로 찾으면 수학계에 큰 파문이 일었다.

소수의 특별한 판정법이 **메르센 수**(Mersenne number)다. 메르센 수는 '2^n-1'로 나타낼 수 있는 수들이다(n은 자연수). 예를 들면,

$3=2^2-1$ 그리고 $7=2^3-1$

메르센 수로 소수를 확인하는 수학적 방법은 다른 확인 방법보다 빠르며, 이것이 소수를 찾는 수학자들이 메르센 수에 집중하는 이유다.

사실 최근에 발견된 소수는 모두 메르센 수였다. 2015년 8월 현재 발견된 소수 중 가장 큰 소수는 $2^{57,885,161}-1$이다. 이 숫자는 1,700만자릿수가 넘어 여기에는 적지 않는다.

큰 소수를 찾는 메르센 소수(Mersenne Prime) 찾기에 도움을 주고 싶다면 인터넷 모임에 가입하면 된다(www.mersenne.org).

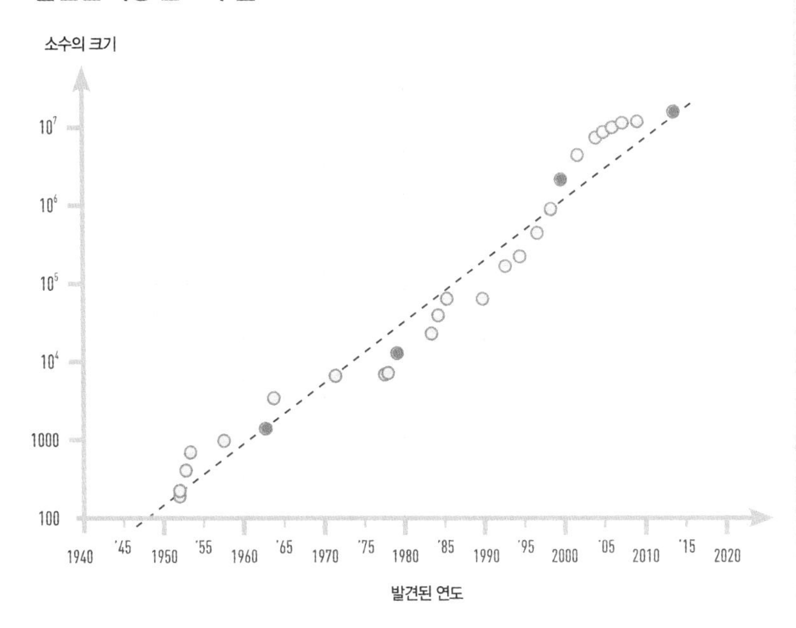

- 1961: 1,000자릿수 이상 거대소수 발견. 1,332자릿수.
- 1979: 1만자릿수 이상 거대소수 발견. 13,395자릿수.
- 1999: 100만자릿수 이상 거대소수 발견. 2,098,960자릿수.
- 2013: 지금껏 발견된 것 중 가장 큰 소수 발견. 17,425,170자릿수.

이 그래프는 가장 큰 소수의 자릿수가 시간이 지남에 따라 얼마나 커져 왔는지를 보여준다.

1.7 암호방식

우리는 온라인으로 물건을 구입할 때마다 안전한 웹사이트에 로그인하거나 보안 파일을 보낼 때마다 암호를 사용한다.

인터넷은 'RSA **공개 키 암호방식**(RSA public key cryptosystem)'이라는 암호방식을 따르며, 이 명칭은 1977년 이를 발명한 로널드 리베스트(Ronald Rivest)와 아디 샤미르(Adi Shamir) 그리고 레오나드 아델만(Leonard Adleman)의 이름에서 머리글자를 딴 것이다.

이 암호 시스템은 은행의 온라인 거래와 같이 보안 메시지 수신이 필요한 경우 (은행과 같은) 수신자가 우선 공개 키를 배포한다. 이 공개 키가 열린 자물쇠이며 은행은 이 자물쇠에 대한 열쇠(즉 개인 키)를 갖고 있다고 생각하면 된다. 송신자가 은행에 보내고자 하는 메시지를 담은 박스를 은행에서 배포한 자물쇠로 잠가서 보내면 메시지는 안전하게 보관되며, 자물쇠는 개인 키를 가진 은행만 열 수 있고, 은행은 절대 개인 키를 다른 이와 공유하지 않는다.

어느 누구라도 공개 키로부터 그와 쌍이 되는 개인 키를 빠르게 계산할 수 있다면 이 방식은 사용되지 않을 것이다. 하지만 RSA 암호체계의 기저에 있는 수학은 이를 가능케 하는 단 한 가지 방법을 보장하는데, 공개 키를 구성하는 거대수 '*N*'의 인수를 아는 것이다.

두 개의 수를 곱하는 것은 상대적으로 쉽지만, 어느 한 수의 인수들을 찾기는 매우 어려울 수 있다. 특히 거대소수들의 곱으로 이루어진 수의 인수들을 찾아낼 효율적인 방법은 없다. 따라서 RSA 암호체계는 '*N*'이라는 수를 만드는 데 거대소수의 곱을 사용한다.

웹브라우저와 스마트폰에서 현재 RSA 암호체계에 사용되는 수 '*N*'은 617자릿수 이상이다.

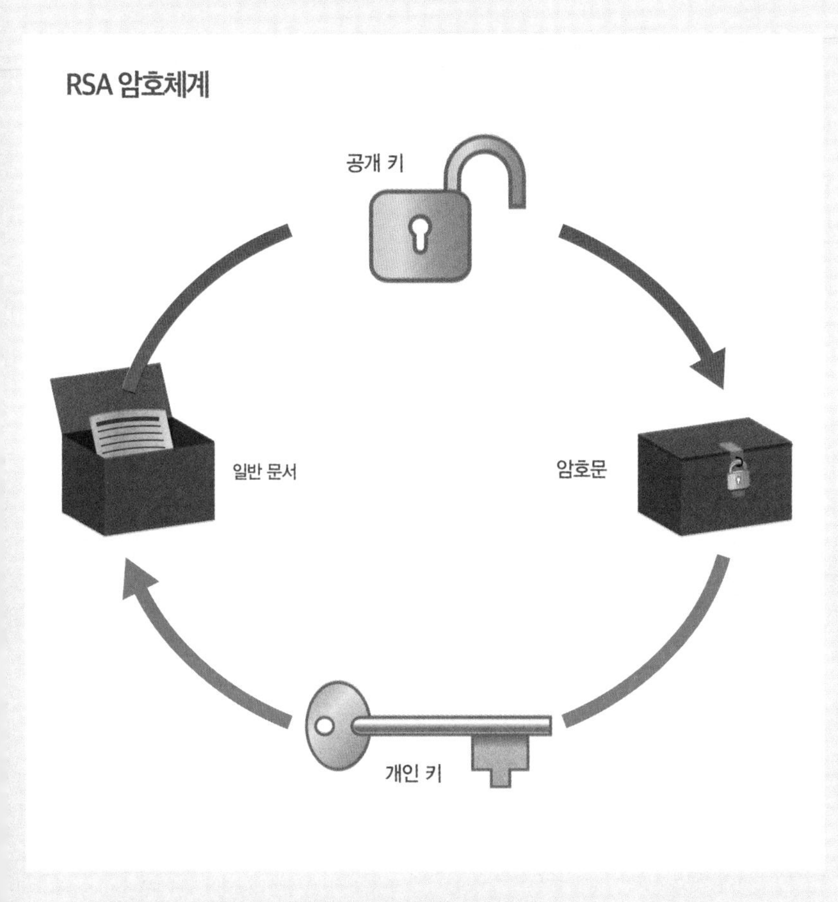

RSA 암호체계에서 열린 자물쇠와 키는 세 개의 수로 구성된다. 공개 키로 메시지를 잠그고 그 메시지를 열고자 할 때는 개인 키를 이용해 암호를 풀어야 한다.

1.8 유리수와 무리수

유리수, 즉 정수를 포함해 분수로 나타낼 수 있는 수는 지난 수천 년간 수학의 중심이었다.

고대 그리스인들, 그중 피타고라스학파 사람들은 합리성(rational)을 중시했다. 그들은 모든 수는 **유리수**(rational numbers)라고 믿었다(여기서 모든 수란 1을 분모로 취하는 분수를 말한다. 예컨대 $1 = \frac{1}{1}$, $2 = \frac{2}{1}$, $3 = \frac{3}{1}$, ……).

그리스인들은 유리수로 우주 전체를 설명할 수 있으리라 여겼다. 음악에서도 이런 예를 찾아볼 수 있다. 현악기에서 두 개의 음표를 연주할 때 연주되는 한 음표의 현의 길이는 같이 연주되는 다른 음표의 현의 길이를 기준으로 해서 단분수(單分數)로 나타낼 수 있으며, 그 음표들은 서로 조화된 소리를 낼 것이다. 음악에서 가장 기본적인 음정, 곧 그 옥타브[〈섬웨어 오버 더 레인보우(Somewhere Over the Rainbow)〉라는 곡에서 첫 두 개의 음표]를 보면, 한 현의 길이가 다른 현의 길이의 절반이 됨을 알 수 있다.

그리스인들이 모든 수가 정수의 분수 형태는 아니라는 것을 알았을 때 그들이 느꼈을 공포를 상상해보라. 유리수가 아닌 수를 **무리수**라 한다. 가장 먼저 발견된 무리수는 $\sqrt{2}$(루트 2)였다. 한 변의 길이가 '1'인 정사각형의 대각선 길이. 그리스 메타폰툼(Metapontum)의 수학자 히파수스(Hippasus)가 이 무리수를 발견했을 때 동료 수학자들은 그를 바다에 빠트려 죽였다.

유리수와 무리수가 함께 실수를 구성한다.

소수전개

$$\frac{1}{4} = 0.25$$

$$\frac{1}{3} = 0.3333333333333\ldots$$

$$\frac{1}{7} = 0.142857142857142857\ldots$$

$$\sqrt{2} = 1.414213562373095\ldots$$

$$\pi = 3.141592653589793\ldots$$

$$e = 2.718281828459045$$

소수전개는 이 수들에 대한 더 많은 것을 나타내준다. 유리수의 소수전개는 유한한 자릿수의 수이거나 패턴이 반복되는 결과로 나타난다. 반대로 무리수의 소수전개는 끝나지도 않고 패턴도 반복되지 않는 결과를 보인다.

1.9 복소수

복소수는 불가능에서 태어났으나, 믿을 수 없을 만큼 유용한 것으로 증명되었다.

$\sqrt{-1}$이라는 수가 있을까? 답은 '없다'인 것으로 보인다. 음수건 양수건 간에 그 자신과의 곱은 항상 양수이며, −1은 아니다.

하지만 16세기에 수학자들은 $\sqrt{-1}$이 있다고 여기기로 결정하였다(지금은 이것을 **허수**라 부르며 기호 *i*로 표기한다). 이 수를 만든 이유는 수식의 해에 때때로 음수의 루트 값이 포함된다는 사실 때문이다. 만약 이 이상한 수가 존재하고 계속 계산되는 것으로 가정하면, 그 결과는 실수가 될 것이며 수식의 해도 될 것이다.

*i*를 사용해 **복소수**(複素數)를 구성할 수 있다. 이는 $a+ib$의 형태가 되며, 여기서 a와 b는 실수다. 예를 들면 $1+2i$ 또는 $3+5i$와 같이 된다. 복소수를 사용한 산술에는 규칙이 있으며(31쪽 참조), 이에 따라 복소수는 일관성 있는 수체계를 구성한다.

수학 외에도, 어떤 것이 수의 결합으로 가장 잘 설명될 때 복소수는 유용하다. 예를 들면, 전자공학에서 전류와 전압은 일반적인 수보다 훨씬 복잡하며, 따라서 그들의 형태는 복소수로 더 잘 표현될 수 있다.

n의 루트 값은 자체 값을 제곱했을 때 n이 되는 수다.

아르강 도표*

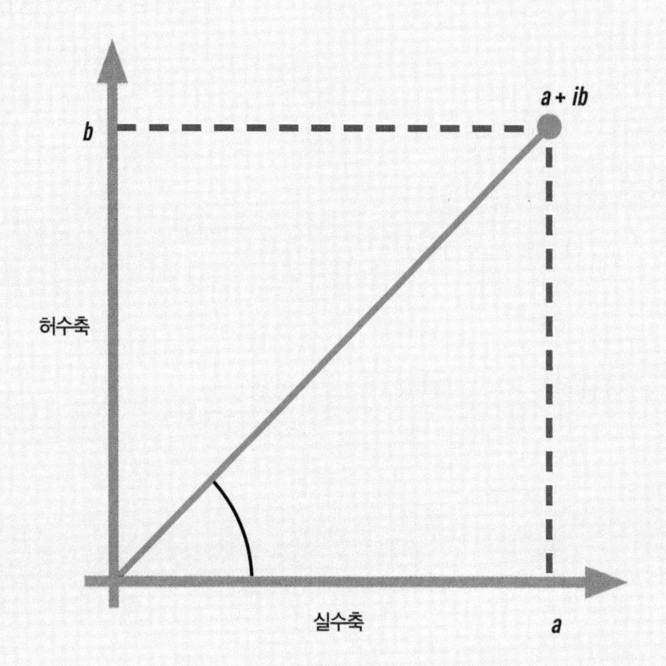

$$(a+ib)+(c+id)=(a+c)+i(b+d)$$

$$(a+ib)\times(c+id)=(ac-bd)+i(bc+ad)$$

복소수는 기하학적으로 해석한다. 복소수 $a+ib$는(위 그림에서 녹색 점) 데카르트 좌표계(3.2 참조)에서 좌표(a, b)에 해당하는 점이다.

* 1806년경 스위스의 수학자 J. R. 아르강(Argand)이 창안한 도표(diagram)로, 복소수를 평면 위의 점들로 나타낸 것이다.

1.10 미해결 소수 문제

정수론(number theory)에서 많은 미해결 문제는 간단히 "우리 중 누구라도 그것들을 이해할 수 있는가?"라는 질문으로 표현될 수 있다. 하지만 수세기 동안 그에 대한 해답은 수학자들을 피해 다녔다.

1742년, 크리스티안 골드바흐(Christian Goldbach, 1690~1764)는 훗날 이른바 '골드바흐의 추측'으로 알려지게 되는 내용을 담은 편지를 당대 최고의 수학자 레온하르트 오일러(Leonhard Euler, 1707~1783)에게 보낸다. 그 내용은 "2보다 큰 모든 짝수는 두 소수의 합으로 표현될 수 있다"라는 것이었다. 예를 들어,

4=2+2
6=3+3
8=5+3.

모든 수학자가 이 추측이 사실이라 믿었으며, 컴퓨터를 이용해 4×10^{17}의 짝수까지는 확인이 이루어졌다. 하지만 완전한 증명은 아직 요원하다. 2013년 브라질의 젊은 수학자 아랄드 엘프고트(Harald Helfgott, 1977~)가 이른바 '약한 골드바흐의 추측'에 대한 증명을 발표했을 때 수학계는 흥분했다. 그 증명의 내용은 "5보다 큰 모든 홀수는 세 개의 소수의 합"이라는 것이었으며, 이러한 결과가 '골드바흐의 추측'이 참이라는 데서 직접적으로 비롯되기 때문에 '약한'이라는 별칭이 덧붙었다. 만약 짝수가 두 개의 소수의 합이라는 것을 안다면 여기에 소수 3을 더해줌으로써 모든 홀수를 구할 수 있고 결과적으로 그 홀수는 세 개 소수의 합이 되는 것이다.

수학자들은 엘프고트의 증명이 맞는다고 믿는다. 하지만 몇몇 인상적인 수치 해석에도 불구하고, 그가 사용한 테크닉이 '골드바흐의 추측' 전부를 증명해줄 수 있을 것 같지는 않다.

애당초 오일러는 골드바흐의 편지를 무시했다. 그는 아직까지도 풀리지 않고 있는 이 문제를 하찮다고 여겼다.

쌍둥이소수

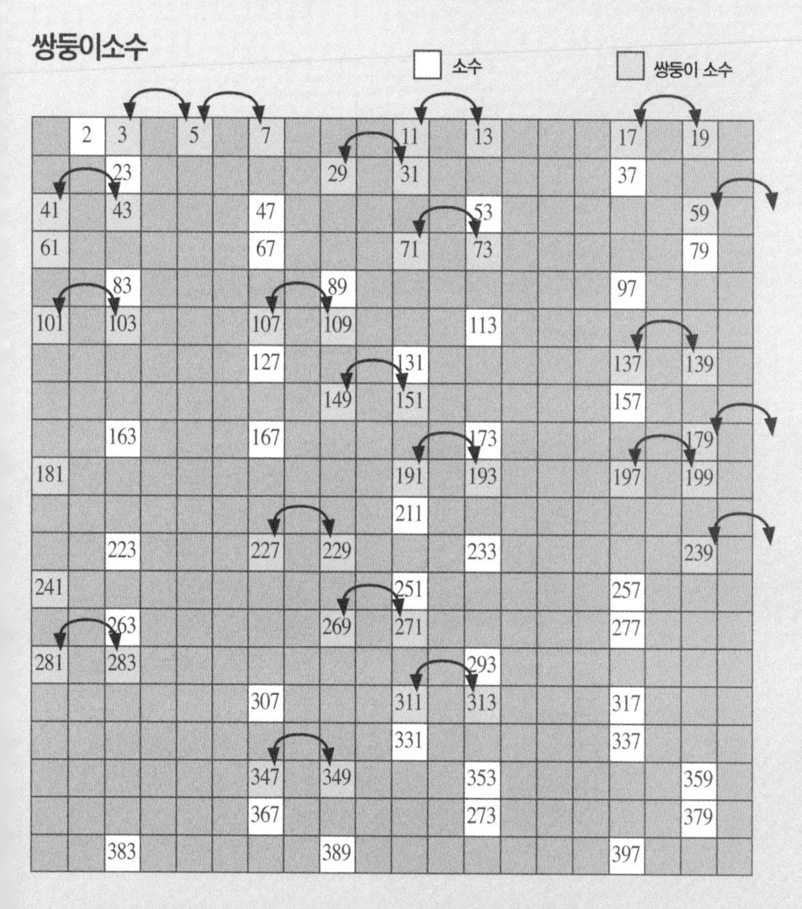

또 다른 난제는 쌍둥이소수다. 서로의 차이가 2인 소수가 바로 쌍둥이소수다. 수학자들은 무한대로 많은 쌍둥이소수가 있다고 믿지만 지금까지 누구도 이것을 증명하지 못했다.

도형

2

어린아이들이 숫자 세기를 처음 배울 무렵 그들은 자기만의 첫 번째 기하학 도형 그리기도 시작한다. 삼각형, 정사각형, 원. 따라서 기하학이 인간이 참여한 최초의 수학 연구 중 하나라는 사실은 그다지 놀랍지 않다. '도형'은 우리에게 자연스레 다가올 뿐 아니라 삶을 살아가려면 그 도형들을 이해할 필요도 있다. 예컨대 경작하는 들판을 측량하고 우리가 살 집을 지으려면 그렇다. 기하학(geometry)이라는 단어는 '땅(Earth)'과 '측량(measurement)'이라는 뜻의 그리스어에서 유래했다. 실제로 오늘날 우리는 고대 그리스 철학자들이 처음 만들어낸 기하학의 기본 규칙을 계속 사용하고 있다.

이 장에서 우리는 학생들과 고대 수학자들에게 한결같이 사랑받은 이상적 도형이 무엇이었는지 탐구한다. 원은 영역을 가장 효율적으로 둘러쌀 수 있는 방법이며, 또한 수학에서 가장 유명한 수 중 하나를 가져다준다. 단순한 삼각형이 삼각법의 토대가 되며, 삼각법은 삼각형의 각과 변 사이의 관계를 파헤친다. 그리고 수학에서 가장 유용한 방정식 중 몇 개는 삼각형과 원 사이의 교묘한 관계에서 비롯한다.

평면기하학에 대한 유클리드의 규칙을 통해 삼각형은 우리가 아는 바와 같이 공간의 정의 중 필수적인 부분을 제공한다. 삼각형은 또한 주요 수학자들이 새로운 형태의 기하학을 탐구할 때 필요로 했던 것이다.

이 장에서 우리는 마음속에서는 그리기 힘든 영역으로 모험을 떠난다. 새로운 기하학과 만날 뿐 아니라, 불가능해 보이는 도형들을 탐구하고, 커피잔과 도넛이 왜 수학적으로는 동일한 형태인가를, 우리 모두가 이미 더 높은 차원에서 삶을 살고 있다는 사실을 알아낼 것이다. 끝으로, 우리는 이 모든 생각이 어떻게 수백 년의 오래된 문제를 증명해내는 데 필수요소가 되는지를 밝힐 것이다.

차례

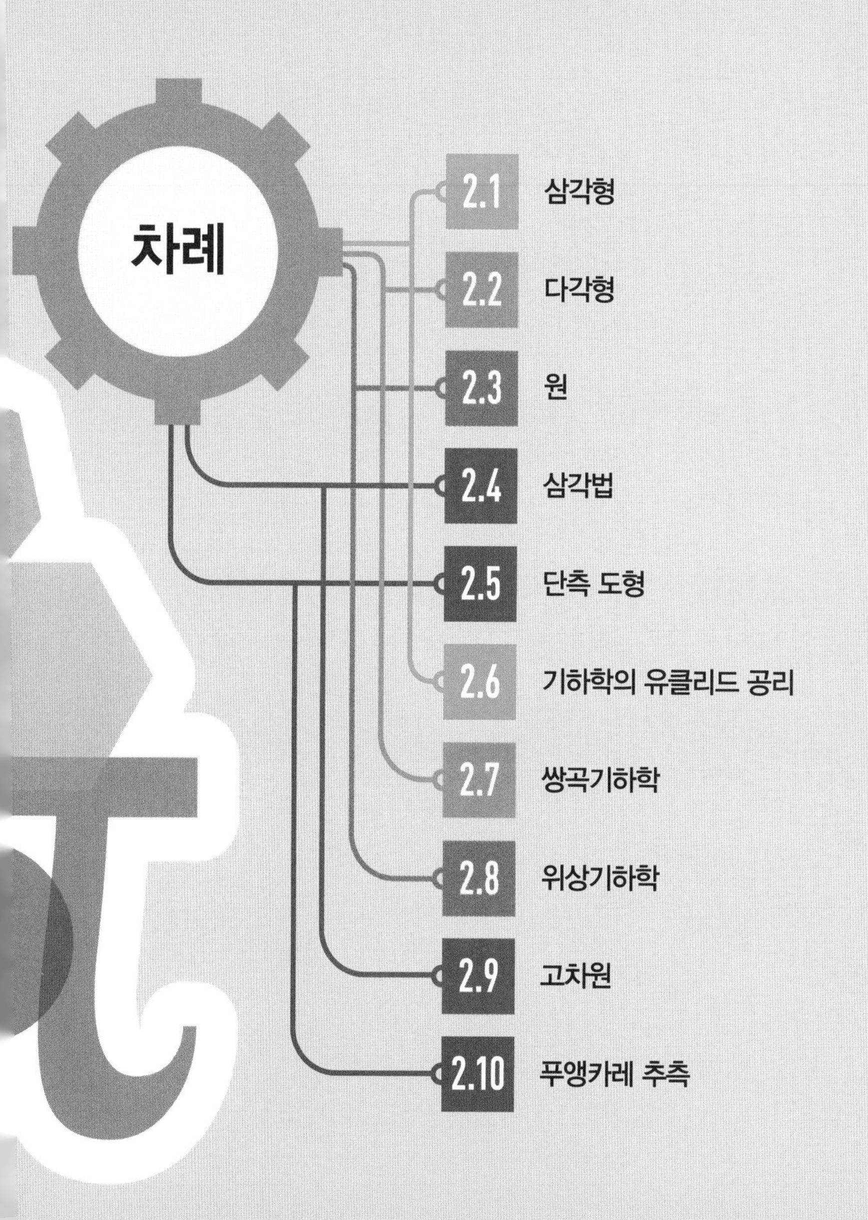

2.1 삼각형

삼각형은 학교에서 가장 먼저 배우는 도형이다. 언뜻 보기엔 간단하지만 여러 가지 수학적·물리학적 힘이 거기 숨어 있다.

삼각형을 그리라고 하면 우리는 대부분 정삼각형에 가까운 것을 그린다. **정삼각형**은 모든 변의 길이가 같고 모든 각이 동일한 크기다.

우리들 주변 세상에서 볼 수 있는 삼각형은, 예를 들어 기중기의 받침대나 다리 또는 운동장에 있는 그네의 프레임같이, 중앙을 기준으로 좌우가 일치하는 대칭이다. 이런 것들을 이등변삼각형이라 한다. **이등변삼각형**은 양변의 길이가 같고 마주보는 각의 크기가 같다. **부등변삼각형**은 세 변의 길이가 모두 다르며 세 각의 크기도 모두 다르다.

평면의 종이 위에 그려진 삼각형의 세 각의 크기의 합은 항상 180도다. 각의 크기와 맞은편 변의 길이 사이는 서로 관계가 있다. 즉 각이 클수록 맞은편 변의 길이가 길다. 세 각이 각각 90도보다 작은 삼각형을 **예각삼각형**이라 부르며, 한 각의 크기가 90도보다 큰 삼각형은 **둔각삼각형**이다.

한 각의 크기가 90도인 특별한 경우의 삼각형, 곧 **직각삼각형**은 수학 역사상 가장 유명한 정리 중 하나('피타고라스 정리')의 토대가 된다(3.10 참조).

삼각형은 가장 강한 직선도형이다. 모서리에 경첩을 단 사각형 구조는 변형시킬 수 있지만 모서리에 경첩이 달린 삼각형 구조는 형태가 견고히 유지될 테니까 말이다.

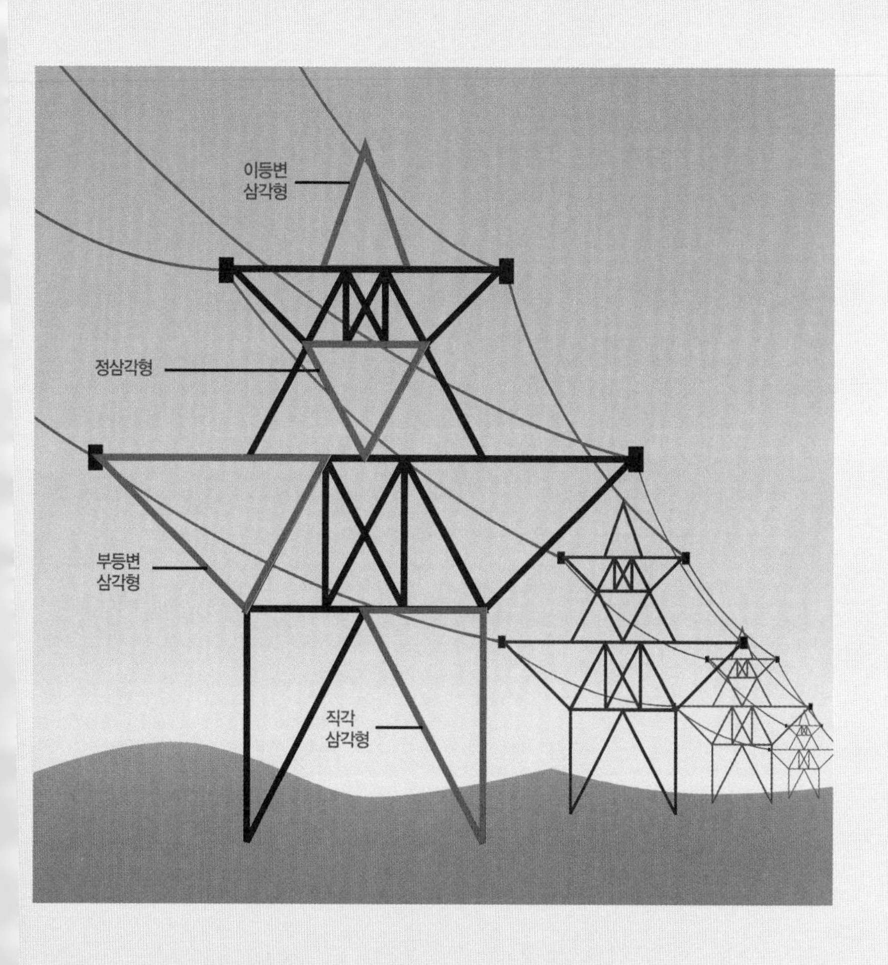

피타고라스 정리: 직각삼각형에서 가장 긴 변(직각의 대변, '빗변'이라고 함)의 제곱은 다른 두 변의 제곱의 합과 같다.

2.2 다각형

삼각형에서 원에 이르기까지 무한히 많은 규칙적인 단계가 있다.

삼각형에서 한 변이 더 늘어난 것이 직사각형(rectangle)이다. 좀 더 정확히 하자면 **사각형**(quadrilateral)이며, 이는 네 개의 직선으로 둘러싸인 도형을 말한다.

직사각형은 사각형 중 특별한 종류에 속하는데, 네 모서리각의 크기가 모두 90도다. 만약 네 변의 길이가 모두 같다면 정사각형이다. 다섯 개의 변(오각형, 펜타곤), 여섯 개의 변(육각형, 헥사곤), 일곱 개의 변(칠각형, 헵타곤), 여덟 개의 변(팔각형, 옥타곤), 아홉 개의 변(구각형, 노나곤) 등과 그 이상의 변을 가진 닫힌 모양의 비슷한 도형이 계속 존재한다.

하지만 변의 수가 크게 늘어나면 수학자들은 도형 명칭에서 그리스어를 버리고 거기에 이상하지만 실용적인 숫자와 접미어 '–곤(–gon; 모서리 또는 각의 뜻을 가진 그리스어 gonia에서 유래)'을 조합해 도형을 표현한다. 예를 들면 96개의 변을 가진 도형은 96곤, 200개의 변을 가진 도형은 200곤이다. 전체적으로 이러한 도형들을 **다각형**이라 하는데, 대략 '다수의 모서리를 가진 도형'이라는 식으로 설명된다.

정삼각형과 직사각형은 모두 **정다각형**인데, 도형의 모든 변의 길이와 모든 각의 크기가 같다. 물론 여기서 더 나아가서 정오각형, 정육각형, 정칠각형 등등이 계속 존재한다.

고대 그리스인들은 원의 둘레와 넓이를 구할 때 다각형을 이용했다.

다각형과 원

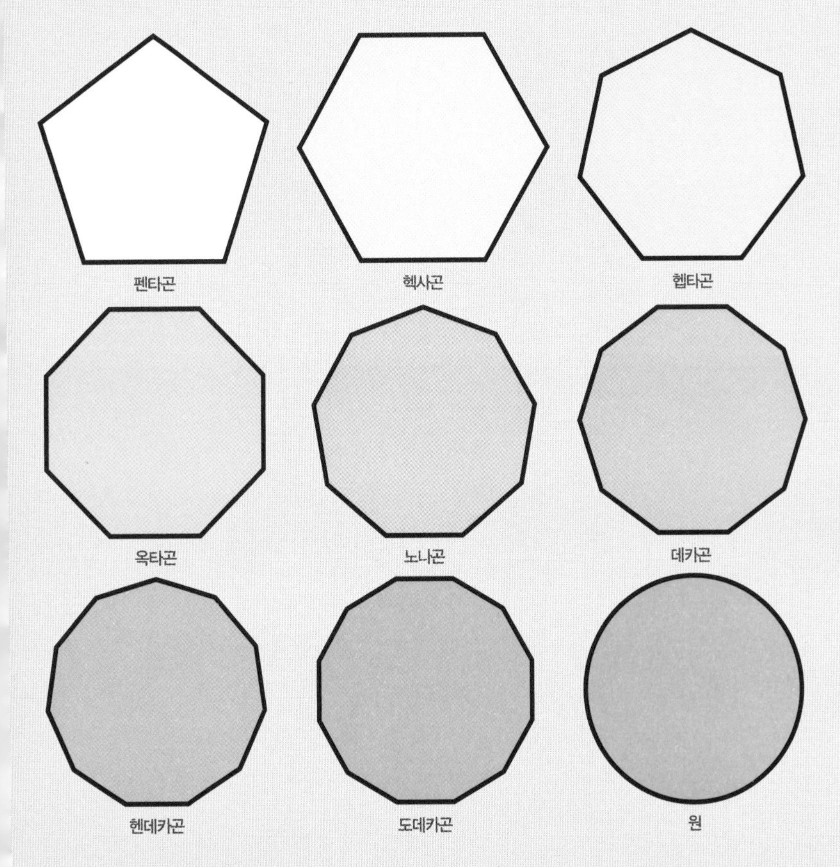

여러 개의 변을 가진 다각형의 변은 직선이지만, 도형 둘레의 각 변이 모두 계속해서 짧아지면 대략 원과 같이 부드럽고 둥근 모양이 된다.

2.3 원

원은 어느 한 점(중심)에서 일정한 거리(반지름)에 있는 점들의 집합이다.

원은 아름답도록 규칙적이다. 원의 중심을 지나는 모든 직선은 선대칭이다. 즉 이 선을 따라 접으면 원의 모양이 변형되지 않게 접을 수 있다. 마찬가지로 원은 중심을 기준으로 회전시켰을 때 주위 어느 각도에서도 완전히 같은 모양을 유지한다. 이에 따라 원은 도형 중에서 가장 대칭적이다.

원이 가진 또 다른 아름다운 속성은 둘러싸는 면적을 최대화한다는 것이다. 만약 줄을 가지고 내부의 면적을 최대화하는 닫힌 도형을 만들고 싶다면 원을 선택해야 한다. 그 이외에는 어떤 변형도 도형 내부의 돌출을 만들어 내부 면적을 줄인다.

원은 또한 수학에서 가장 유명한 수를 하나 제공한다. 어떤 크기의 원에서도 원의 둘레, 즉 원주를 그 원의 지름으로 나누면 결과는 항상 3.14159...가 되며, 이 수는 보편적으로 'π'(그리스 문자 *pi*. 43쪽 참조)로 알려져 있다. 원의 면적은 항상 πr^2이며, 여기서 r은 원의 **반지름**이다(원의 중심에서 원주에 있는 모든 점까지는 길이가 같은데 바로 그 길이를 말함).

인류는 2015년 현재 13.3조자릿수의 π를 최초로 계산했다.

3.141592653589793238462643383279502884197
16939937510582097494459230781640628620899
86280348253421170679821480865132823066470
9384460955058223172535940812848111745028
41027019385211055596446229489549303819644
2881097566593344612847564823378678316527
12019091456485669234603486104543266482133
9360726024914127372458700660631558817488
15209209628292540917153643678925903600113
3053054882046652138414695194151160943305
72703657595919530921861173819326117931051
1854807446237996274956735188575272489122
79381830119491298336733624406566430860213
94946395224737190702179860943702770539217
1762931767523846748184676694051320005681
27145263560827785771342757789609173637178
72146844090122495343014654958537105079227
96892589235420199561121290219608640344181
59813629774771309960518707211349999998372
97804995105973173281609631859502445955 . . .

수 π는 무리수인데, 이는 그 수의 소수전개가 무한대로 길고 반복되는
패턴도 없다는 의미다.

2.4 삼각법

천문학, 항법, 지리학 그리고 건축학의 공통점은 무엇일까? 오랜 기간 삼각법, 즉 '삼각형 계측'에 의존했고 성공했다는 점이다.

본래 **삼각법**은 삼각형에서 각의 크기와 변의 길이 사이의 관계를 구하는 것이다. 직각삼각형에서 90도보다 작은 두 각 중의 한 각을 θ(세타)라 부르자. 그러면 삼각형의 세 변의 길이를 이용해 기본적인 삼각함수를 다음과 같이 정의할 수 있다.

sinθ=대변의 길이/빗변의 길이.
cosθ=인접변의 길이/빗변의 길이.*

만약 **빗변**의 길이는 같도록 유지하고 각 θ의 크기를 변화시키면 대변의 길이는 θ의 크기에 따라 달라지며 sinθ의 값도 변할 것이다. 마찬가지로 인접변의 길이도 달라져 cosθ의 값도 변할 것이다.

삼각함수의 변화되는 값은 부드럽게 반복되는 파동을 정의한다. 이들 사인파와 코사인파는 음파에서 지진학에 이르기까지 모든 주기적 파동 분석에서 핵심을 차지한다.

모든 각(θ)에 대해
$\sin^2(\theta)+\cos^2(\theta)=1$.

* 여기서 대변은 θ를 마주보는 변을 말하고, 빗변은 가장 긴 변(직각을 마주보는 변)을 가리키며, 인접변은 각 θ와 직각 사이에 있는 변이다.

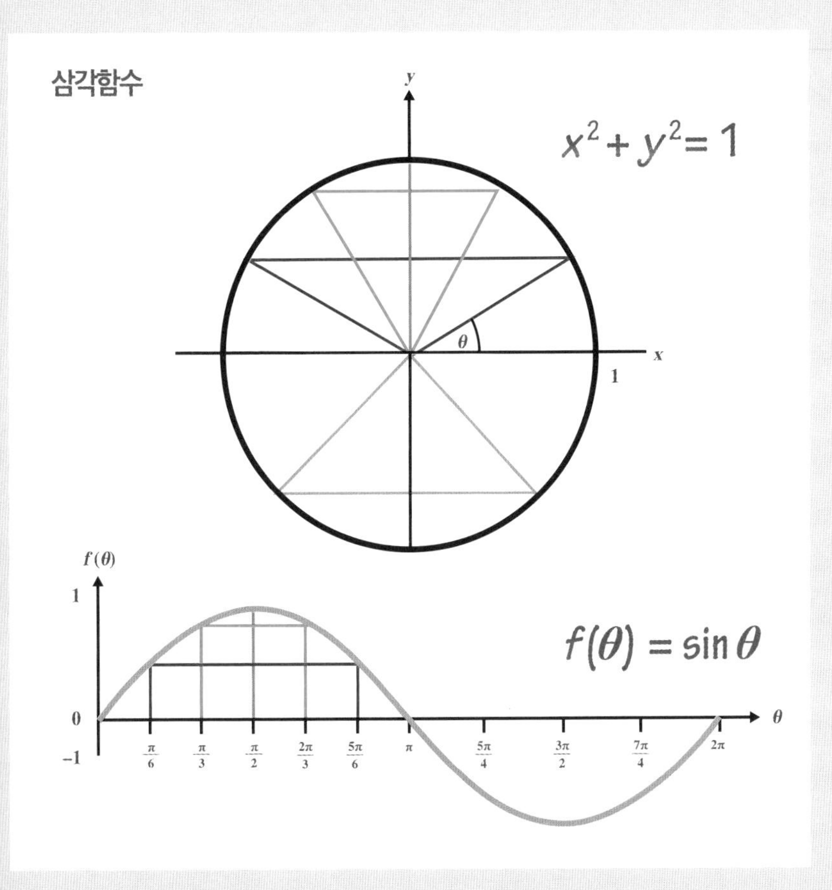

이 그래프는 sinθ 함수(굵은 푸른색 선)를 삼각형 내부의 각을 사용해 그릴 수 있음을 보여준다. 위는 함수 y=sinθ, θ의 범위는(0, 2π)의 그래프다.

2.5 단측 도형

하나의 종이띠를 한번 꼬아서 양쪽 끝을 이어주면 당신은 수학적으로 중요한 물건, 곧 뫼비우스의 띠를 만들어낸 것이다.

보통 종이띠 한 장은 앞면과 뒷면 두 개의 면을 가지고 있다. 그런데 **뫼비우스의 띠**(Möbius strip)는 몇 개의 면을 가지고 있을까? 뫼비우스의 띠를 만든 후 중심을 따라 펜으로 선을 그려보자. 처음 시작한 점에 닿을 때까지 계속 그려보라.

종이띠를 비틀지 않고 양쪽 끝을 연결해놓으면 띠의 바깥쪽 고리나 안쪽 고리 중 단지 한 고리만을 그릴 수 있을 것이다. 하지만 뫼비우스의 띠를 가지고는 어떤 두 점도 선으로 이을 수 있다. 두 개의 점이 원래 종이띠의 각각 반대 면에 있더라도 마찬가지다. 따라서 뫼비우스의 띠는 바깥쪽 면이나 안쪽 면이 따로 없다. 곧 한 면만 가지고 있다 .

이렇게 한 면만을 가진 단측(單側) 도형을 방향 전환이 불가능하다는 뜻에서 **비가향적** 도형이라 부른다. 단측 도형이 한 면만을 갖듯이 뫼비우스의 띠 역시 한 개의 면만 갖는다. 펠트펜을 가지고 한 면을 따라 시작점으로 올 때까지 칠해보면 이를 확인할 수 있다. 띠의 양쪽 모두의 면이 한 개의 순환고리 안에 색칠되어 있을 것이다.*

단측 도형은 수학적으로 중요한 것이다. 뫼비우스의 띠는 비가향성의 근본적 예로서, 여기에 모든 가능한 비가향 곡면(non-orientable surface)에 들어 있다.

컨베이어 벨트와 타자기의 리본은 양면 모두를 더 잘 사용하기 위해 뫼비우스의 띠처럼 만들어졌다.

* 즉 내부와 외부의 경계가 없다.

클라인병(Klein bottle)

이 이미지는 찰스 트레블리안이 만든 것으로 그 형태를 충분히 관찰하도록 하고자 병을 부분적으로 투명하게 그렸다.

클라인병은 하나의 면만을 가지며 에워싸는 부피가 없다. 3차원 공간에서는 존재할 수 없는데, 병의 목이 병의 벽을 통과하려 할 때 병의 벽을 뚫지 않고 지나가려면 또 다른 네 번째 차원이 필요하기 때문이다.

2.6 기하학의 유클리드 공리

기하학은 고대 그리스 알렉산드리아의 유클리드로부터 시작되었다.

고대 그리스는 기하학에 빠져 있었다. 단순히 도형 그리기에 만족하지 않고 '피타고라스 정리'처럼 그 결과가 참임을 증명하기도 좋아했다.

어떤 것을 증명하는 유일한 방법은 확실히 참임을 알고 있는 기본 사실로부터 유도해내는 것이다. 이것이 기원전 300년경 알렉산드리아의 유클리드가 기하학의 5대 **공리**를 만든 이유다(49쪽 참조).

- 1. 두 개의 점이 주어질 경우 그 사이에 단 한 개의 직선을 그릴 수 있다.
- 2. 직선은 선분을 양 방향으로 무한히 연속적으로 연장할 수 있다.
- 3. 임의의 점 P와 그 점에서 출발하는 선분 I가 주어지면, 중심 P와 반지름 I의 원을 그릴 수 있다.
- 4. 모든 직각은 서로 같다(유클리드에게 직각은 특별한 방법으로 만들어진 각이었다. 공리는 이 방법으로 만들어진 모든 각은 같다고 주장한다).
- 5. 다섯 번째 공리는 쉬운 용어를 써서 간단히 말하기가 어렵다. 어쨌든 이 공리는 삼각형의 세 각의 합은 180도란 사실과 동일하다.*

어떤 이들은 유클리드는 실존했던 인물이 아니며, 《원론》은 여러 명의 수학자가 함께 쓴 것이라고 주장한다.

유클리드는 자신의 공리를 기하학과 다른 수학 분야를 다루는 가장 앞선 책 중 하나인 《원론(The Elements)》에 발표했다. 《원론》은 역사상 가장 성공을 거둔 책 중 하나로, 어떤 이들은 성경만이 이 책의 발행부수를 능가한다고 말한다.

* 다섯 번째 공리: 두 직선이 한 직선과 만날 때 한 쌍의 동측내각의 합이 180도보다 작으면 두 직선은 동측내각이 있는 쪽에서 만난다. 동측내각이란 두 직선이 제3의 한 직선과 만날 때 생기는 여러 각 가운데 두 직선의 안쪽에서 마주보는 두 각을 말한다.

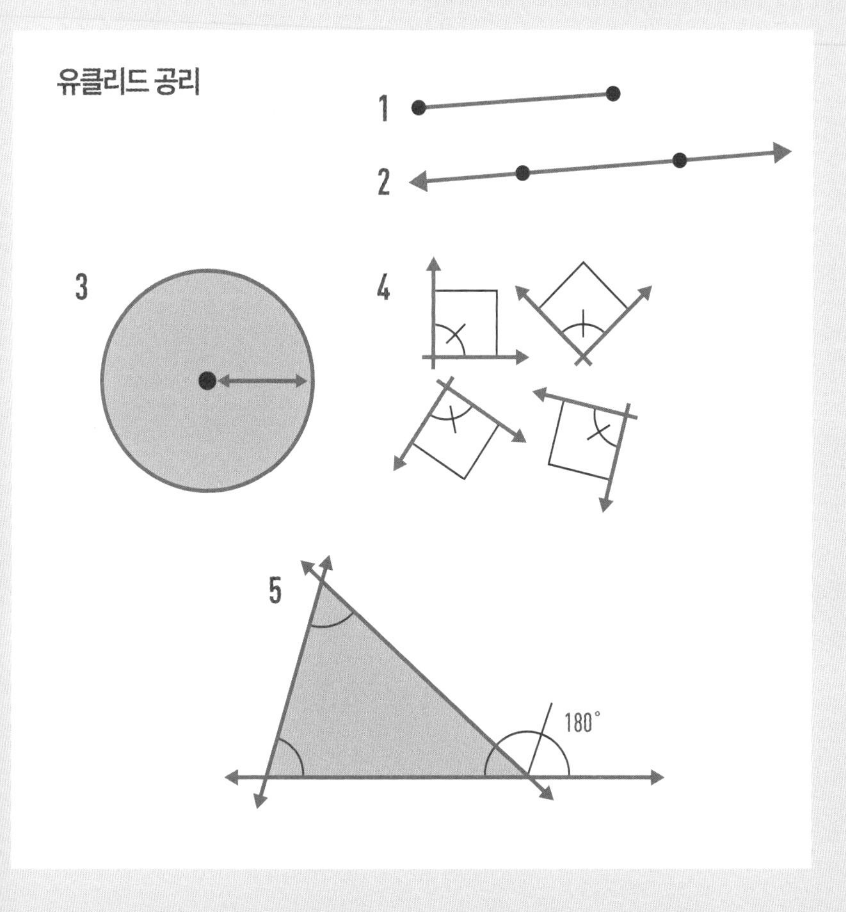

유클리드의 5대 공리. 유클리드는 이 5대 공리를 이용해 기하학적 구조를 통한 수학적 결과를 증명할 수 있었다.

2.7 쌍곡기하학

유클리드 공리 중 다섯 번째 공리가 항상 유효함을 증명하려다 실패한 수학자들은 그 후 훌륭한 형태의 새로운 기하학을 수립했다.

19세기의 수학자 야노슈 보요이(János Bolyai, 1802~1860)는 유클리드의 다섯 번째 공리가 언제나 '참'임을 증명하고자 시간을 들여 노력하던 중 그 일을 그만 포기하기를 바라는 아버지 파르카스 보요이(Farkas Bolyai, 1775~1856)의 편지를 받았다.

이 공리(2.6 참조)는 삼각형의 세 내각의 합은 180도라고 하는 것과 같은 이야기다. 야노슈의 아버지는 야노슈가 하는 연구가 "모든 시간을 빼앗고 건강과 마음의 평화, 인생의 행복마저 앗아갈 것"을 두려워했다. 그가 맞았을 수도 있다.

그 공리는 평면 위에 그려진 삼각형에서는 유효하다. 하지만 구(球) 위에 그려진 삼각형은 밖으로 불룩하게 부풀기 때문에 세 각의 합이 180도보다 커지게 된다(구 위에 있는 삼각형의 변은 직선과 유사하다. 즉 최단 경로다). 구 위에 그려진 삼각형의 내각의 합이 180도보다 작은 경우도 있을까? 답은 '있다'이며, 그 예는 안장처럼 생긴 표면이다.

유클리드 공리 중 다섯 번째 공리의 증명에 대한 연구가 엉뚱한 쪽으로 진행되면서 수학자들이 **쌍곡기하학**이라는 것을 창안했는데, 쌍곡기하학에서는 유클리드의 다섯 번째 공리가 유효하지 않다. **쌍곡평면**(hyperbolic plane)에서 삼각형의 세 각의 합은 항상 180도보다 작다.

쌍곡기하학은 아인슈타인의 특수상대성이론에서 중요한 요소다.

쌍곡평면

이 그림은 쌍곡평면의 전체를 보여준다. 타일이 원 가장자리로 갈수록 작게 보이는 것은 왜곡이 생겨 그렇게 보이는 것이다. 실제 쌍곡계량(hyperbolic metric)에서는 모두 같은 크기다.

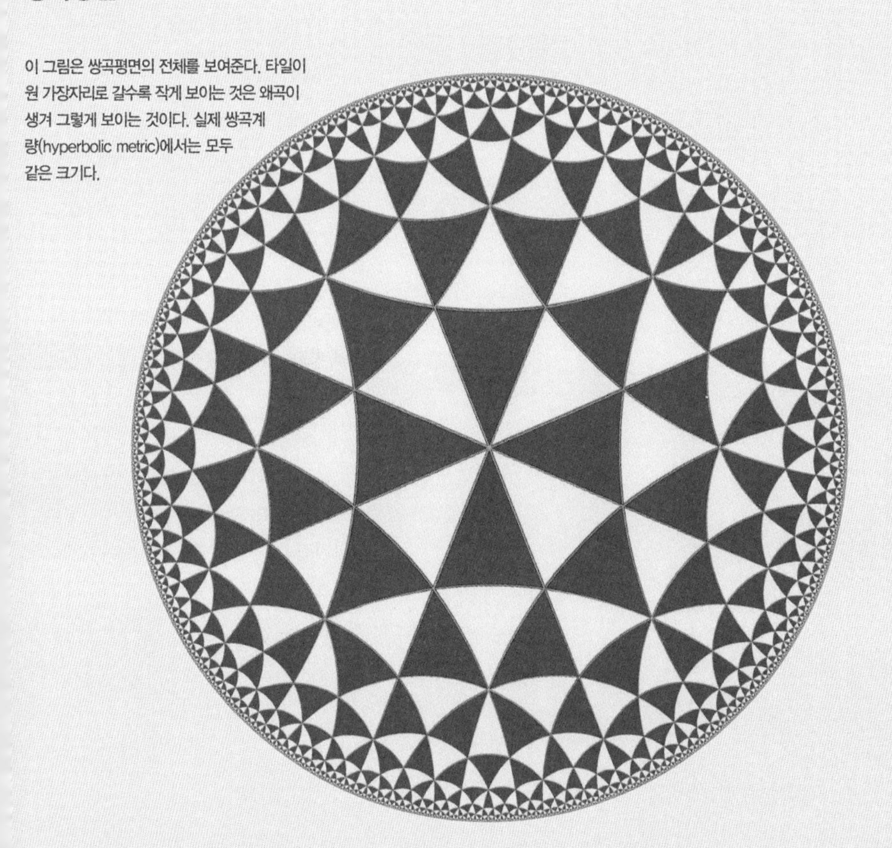

평평한 표면 위에 왜곡 없이 쌍곡평면을 나타내기는 불가능하다.

2.8 위상기하학

기하학은 매우 정밀한 반면, 위상기하학은 일반적으로 좀 더 관대하다.

위상기하학에서는 한 형체를 자르거나 찢거나 접착하지 않고 다른 형체로 바꿀 수 있다면 두 형체는 같은 것으로 간주한다. 이에 대한 유명한 예가 커피잔과 도넛이다. 만약 커피잔이 탄성 있는 재료로 만들어졌다면 손잡이 구멍을 도넛 구멍으로, 즉 도넛 형태로 바꿀 수 있다.

형체를 이와 같이 구부리거나 압박하거나 늘릴 수 있게 한다면 매우 유용하다. 런던 지하철 노선도를 보자. 지리적으로 보아 이 노선도는 매우 불충분하다. 역 간의 거리는 왜곡되어 있고 모든 선로가 수직·수평 또는 45도로 쭉 뻗은 것처럼 보이니까 말이다.

하지만 지리적으로 정확한 노선도를 그리면 역들이 중앙으로 몰려 난장판이 될 것이다. 또한 외부 노선까지 수용하려면 지도가 엄청나게 커져야 한다. 지하철이 다니는 터널은 직선이 아니라 도시 곳곳을 어지럽게 누비면서 교차한다.

1933년 런던 지하철의 직원 해리 벡(Harry Beck, 1902~1974)은 단순히 노선 간 환승역에 집중하면 노선도를 더 잘 그릴 수 있다는 것을 알았다. 그의 위상기하학적 노선도는 아이콘 이미지가 되었으며 디자인 천재의 작품으로 여겨졌다.

위상기하학에서는 울퉁불퉁한 감자도 완전한 구체다.

흠 없는 변형

컵과 도넛은 자르거나 붙이지 않고 서로의 형태로 변형시킬 수 있어,
위상기하학에서 이 둘은 같은 형체로 간주된다.

2.9 고차원

고차원은 위압적으로 들리지만 사실 우리들 대부분은 이미 고차원에 매우 익숙해져 있다.

고층빌딩에서 친구를 만나기로 약속하려면 네 가지 정보, 곧 도로명, 거리의 번호, 층수 그리고 만나고자 하는 시간 등이 필요하다.

수학자들은 이러한 정보를 좌표라고 부르는데, 네 개의 **좌표**는 4차원 공간을 정의한다. 5차원 공간은 다섯 개의 좌표로 정의되며, 6차원 공간은 여섯 개의 좌표로 정의되는 식이다. 그러므로 수학자들이 더 높은 차원에 대해 생각하려면 그저 더 많은 좌표의 관점에서 생각하면 된다.

익숙한 많은 개념이 고차원(higher dimensions)의 공간으로 확장될 수 있다. 예를 들면, 원은 2차원에서 중심으로부터 같은 거리에 있는 점의 집합이다. 구는 3차원에서 중심으로부터 같은 거리에 있는 점의 집합이며, 초구체(hypersphere)는 4차원 또는 그 이상의 고차원에서 중심으로부터 같은 거리에 있는 점의 집합이다(여기서 4차원 이상에서의 '거리'는 단순히 우리한테 익숙한 '거리'의 확장이다). 정의는 2차원, 3차원, 4차원 및 그 이상의 차원의 공간에서 모두 동일하다. 그저 각 공간에서 점들의 위치를 설명하기 위한 좌표의 수가 늘어난다는 것이 달라질 뿐이다.

4차원 정육면체(tesseract)는 큐브와 같은 정육면체가 아니라 여덟 개의 정육면체가 둘러싸는 형태다.

4차원을 향하여

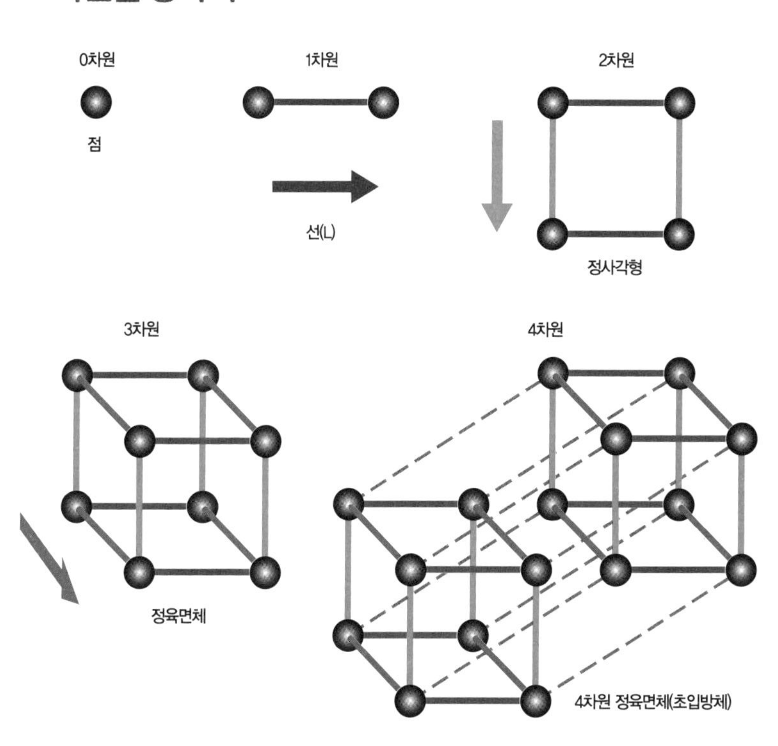

정사각형은 길이 L을 가진 하나의 선분으로 시작해 거리 L만큼 확장해서 만들어진다. 정육면체는 2차원의 정사각형을 3차원으로 확장시킨 것이며, 초입방체는 3차원의 정육면체를 4차원으로 확장시킨 것이다.

2.10 푸앵카레 추측

위상수학에서는 구체가 완벽하게 둥근 모양일 필요가 없다. 그것에 구멍을 내지 않는 한 어떤 모양으로도 변형시킬 수 있으며, 그 형태는 구체로 존재한다.

위상구체를 '둥글기' 말고 무엇으로 정의할 수 있을까? 답은 고리(loop)로부터 나온다. 이론적으로 구체 위에 그려진 모든 고리는 한 개의 점으로 수축될 수 있다. 하지만 도넛의 경우는 다르다. 만약 고리가 도넛의 구멍을 통해 지나고 있다면 고리를 자르지 않고는 수축시킬 수가 없다. 이와 같이 비슷한 형태의 구체에서 위상구체와 다른 종류의 표면을 구별시키는 유일한 방법은 표면을 자르지 않고 고리를 한 점으로 수축시킬 수 있느냐다.

만약 위 내용이 3차원 공간에 있는 2차원 구체에 적용된다면, 4차원 공간에 있는 3차원 구체에도 똑같이 적용될까? 이 구체를 시각화할 수는 없지만, 구체(고리 수축의 속성을 포함)는 수학적으로 엄밀하게 설명될 수 있다. 20세기 초 프랑스의 수학자 앙리 푸앵카레(Henri Poincaré, 1854~1912)는 고리 수축과 결과적으로 동등한 현상이 3차원 구체에도 작용한다고 주장했다.

하지만 푸앵카레도, 이후의 수학자들도 푸앵카레 추측을 증명해내지 못한 나머지 이 추측은 악명을 떨쳤다. 거의 한 세기가 지나서 러시아의 수학자 그리고리 페렐만(Grigori Perelman, 1966~)이 일련의 온라인 논문으로 증명해냈다. 이 증명으로 페렐만은 여러 종류의 상과 포상을 제의받았으나 그는 모두 거절했다. 부와 명성이 모든 사람한테 동기부여로 작용하는 것은 아니다.

2000년 미국의 클레이수학연구소(CMI; Clay Mathematics Institute)는 '푸앵카레 추측' 해결에 100만 달러를 내걸었다.

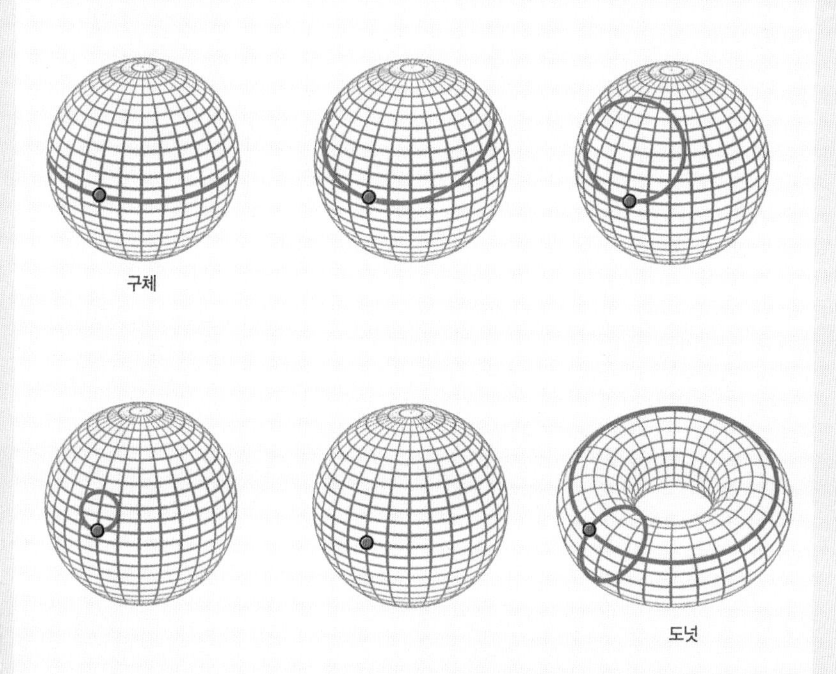

구체를 두른 빨간 고리는 한 개의 점으로 수축될 수 있다. 구멍을 가진 도넛을 통과하는 고리는 수축될 수 없다.

방정식

방정식과의 첫 대면은 많은 사람에게 추상화의 세계로 들어가는 첫걸음을 나타낸다. 하지만 걱정할 필요는 없다. 대수(기호를 써서 하는 작업의 예술이라 불린다)는 단지 언어일 뿐이다. 사실 대수는 매우 편리한 언어다. 왜 그런지는 방정식을 기호를 읽지 않고 말로 표현해보면 바로 알게 될 것이다.

이 장에서 우리는 수학 방정식의 기본 구성요소를 살펴본다. 우리는 기하학으로 친숙해진 몇몇 도형에 어떻게 방정식이 연관되는지를 볼 것이며 어떤 방정식은 풀 수 있지만 풀 수 없는 방정식도 있음을 알게 될 것이다. 그 해법을 두고 일찍이 치열한 수학적 결투가 있었다는 사실도 배울 것이다. 몇몇 특수한 방정식과 수학 역사상 가장 어려운 문제 중 하나와 마주하기도 할 텐데, 페르마의 마지막 정리(Fermat's last theorem)가 그것이다.

하지만 시작하기 전에 방정식을 문장으로 표현한 멋진 사례를 하나 소개한다. 12세기 인도 수학자 바스카라(Baskara II)의 수학 책 《릴라바티(Lilavati)》에 있는 문제다.

코끼리 한 무리 중에서 그 절반과 절반의 3분의 1은 숲속을 어슬렁거리고 있었다. 6분의 1과 6분의 1의 7분의 1은 강에서 물을 마시고 있었다. 8분의 1과 8분의 1의 9분의 1은 수련을 갖고 놀고 있었다. 그 무리의 우두머리는 세 마리의 암컷과 함께 있는 것이 보였다. 그 무리의 코끼리 수는 모두 몇 마리인가?

방정식으로 바꾸고, 조금 단순화하면 이 글은 간단히 $0.996x+4=x$가 된다.

차례

3.1 변수와 상수

몇 개의 친숙한 기호로 이루어진 추상화의 힘.

한 달에 x파운드를 받는다면 1년간 소득은 얼마인가? 답은 $12x$이다. 연간 소득을 y라 하면 이런 수식이 된다. $y=12x$.

이것이 **방정식**의 예다. 기호 x는 이론적으로 어떤 수도 나타낼 수 있기 때문에 **변수**라고 부른다. 기호 y는 그 값이 x에 따라 달라지므로 **종속변수**라 부른다. 그리고 수 '12'는 변하지 않는다는 명백한 이유로 **상수**라 부른다.

기호를 이용해 수를 나타내는 것은 우리를 대수의 세계로 강력히 빨아들인다. 더 일반적인 방정식에서 상수 12를 표시하기 위해 기호를, 예를 들면 a를 쓸 수 있다. 수식 $y=ax$는 변수 y가 고정된 수, 즉 a와 또 다른 변수 x(소득이나 햄버거 가격 등 어떤 것이든)와의 곱과 같이 되는 모든 경우를 담아낼 것이다.

오늘날에는 대수가 당연한 것으로 받아들여지지만, 이러한 추상화의 시작은 수학을 발전시킨 큰 진전이었다. 사실 15세기 수학만 해도 기호를 사용하지 않았다. 이 시기 이전에 사람들은 방정식을 문장으로 나타냈는데, 따라서 아마도 매우 장황했을 것이다.

'대수(algebra)'라는 단어는 아라비아 문자 'al-jabr'에서 유래했는데 '복원(restoration)'이라는 뜻이었다.

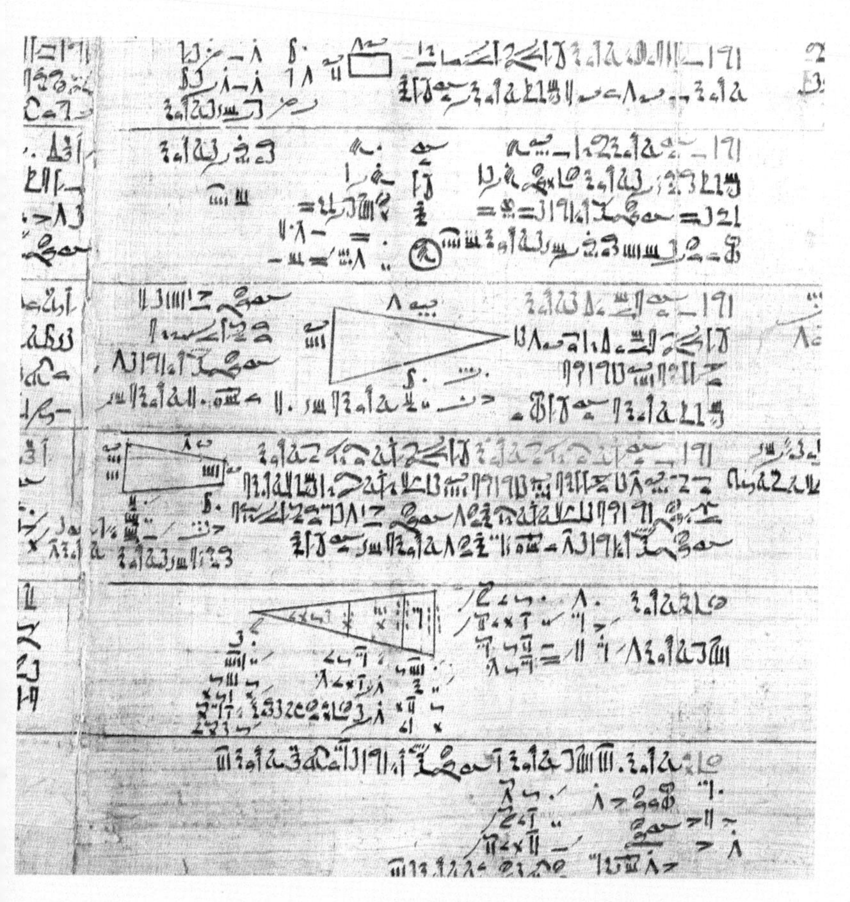

대수적 추상화의 최초 기록은 기원전 1650년경에 발행된 5.5m 길이의 린드 파피루스(Rhind papyrus)*에서 나타난다. 린드 파피루스는 현재 런던의 대영박물관에 보관 중이다.

* 고대 이집트의 수학책으로 가장 오래된 수학책인 것으로 알려져 있다.

3.2 데카르트 좌표

우리는 수학에서 대수와 기하를 서로 다른 분야라 생각하기 쉽지만, 사실 두 분야는 서로 깊은 관계가 있다.

프랑스의 수학자 르네 데카르트(René Descartes, 1596~1650)는 어느 날 벽 위의 파리를 바라보며 침대에 누워 있었다(이야기는 그렇게 흘러간다). 그는 그 파리의 위치를 어떻게 하면 가장 잘 설명할 수 있을까 고민하다가 오늘날 **데카르트 좌표**라 불리는 것을 창안했다.

평면 위의 한 점(예를 들면 벽 위에 있는 파리의 위치)을 구체화하려면 가장 먼저 교차하는 두 개의 수직선을 그리고 그 교차점을 '0'이라 한다. 이후 각 점은 두 개의 좌표로 결정되는데, 첫 번째 좌표는 '0'으로부터의 수평거리, 두 번째 좌표는 '0'으로부터의 수직거리다. 통상 첫 번째 좌표는 x-좌표, 두 번째 좌표는 y-좌표라 부른다.

그러면 대수적 방정식의 좌표는 어떻게 나타낼까? 수식 $y=2x$를 가정해보자. 그리고 이 수식을 만족시키는 좌표 (x, y)의 모든 점을 찾아보라. 다시 말해, $(x, 2x)$의 형태를 가진 좌표의 점을 찾아보자. 점 (1, 2)와 (2, 4)가 해당되듯이 점 (0, 0)도 여기에 부합한다.

조금 더 생각해보면 이 수식을 만족시키는 점은 모두 (0, 0), (1, 2), (2, 4)를 연결하는 직선 위에 있다. 사실 그 방정식이 이 직선을 정한다.

방정식 $x^2+y^2=2^2$는 중심이 (0, 0)이고 반지름이 2인 원을 정의한다.

데카르트 좌표계

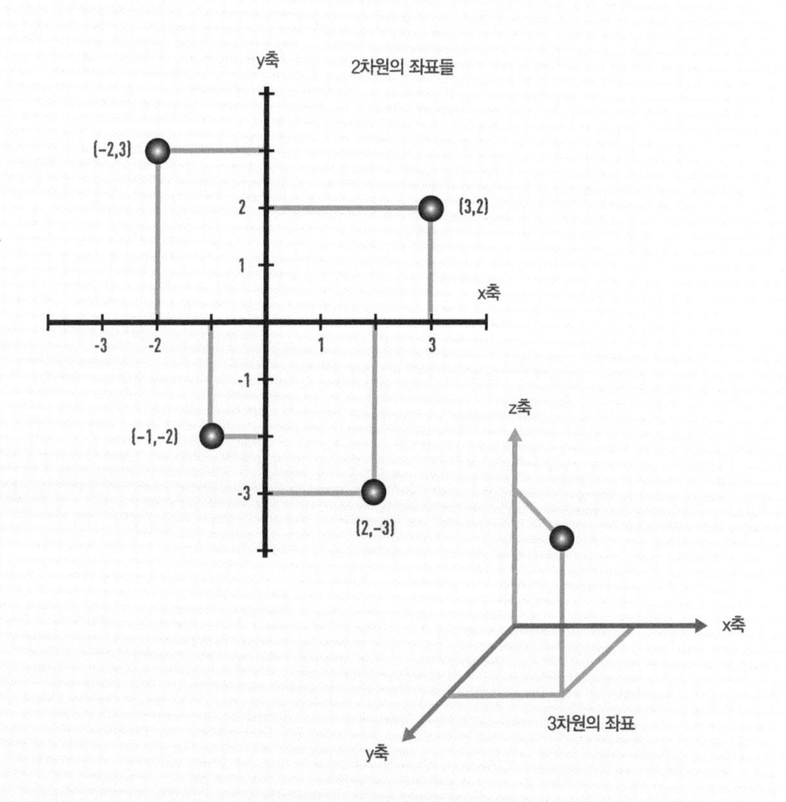

이 도표는 2차원과 3차원에서의 좌표를 보여준다. 대수와 기하의 연관성은 수학자들이 대수의 문제를 기하를 이용해 풀거나 그와 반대로 기하의 문제를 대수로 풀 수 있게 해준다.

3.3 이차방정식

이차방정식은 가장 큰 승수가 2인 방정식으로, 여러 상황에 유용하다.

한 변의 길이가 x미터(m)인 직사각형 운동장의 면적은 x^2이다. **이차방정식**에서는 낮은 지수를 가진 x도 있을 수 있다. 예를 들면, 한 변이 다른 변보다 2m 더 긴 다른 운동장의 넓이는 다음과 같이 나타낼 수 있다.

$x(x+2)=x^2+2x.$

일반적으로 모든 이차방정식은 다음과 같이 나타낼 수 있다.

$y=ax^2+bx+c.$

여기서 x는 값이 변하는 변수이고, a와 b와 c는 계수다. 그리고 y의 값은 x값에 의해 결정된다. x값의 변화에 따른 y값의 그래프는 (3.2 참조) **포물선** 형태가 된다.

포물선은 흥미로운 속성이 있다. 즉 포물선의 중심선과 평행으로 그 포물선 안으로 들어가는 모든 직선은 포물선의 곡선에 반사되어 포물선의 중심을 지난다(67쪽 참조). 이 중심점을 **초점**이라 부른다. 이 때문에 위성안테나를 반으로 잘라보면 곡면이 포물선 형태를 닮았다. 위성안테나는 수신하는 전파가 접시의 중심선에 평행하게 들어오도록 각도가 맞춰진다. 그러면 접시 표면에서 반사되어 중심점을 통과하는데 거기에 수신기가 자리 잡고 있다.

자동차 헤드라이트의 전구는 포물면 형태의 거울 중심에 놓여 있다.

위성안테나

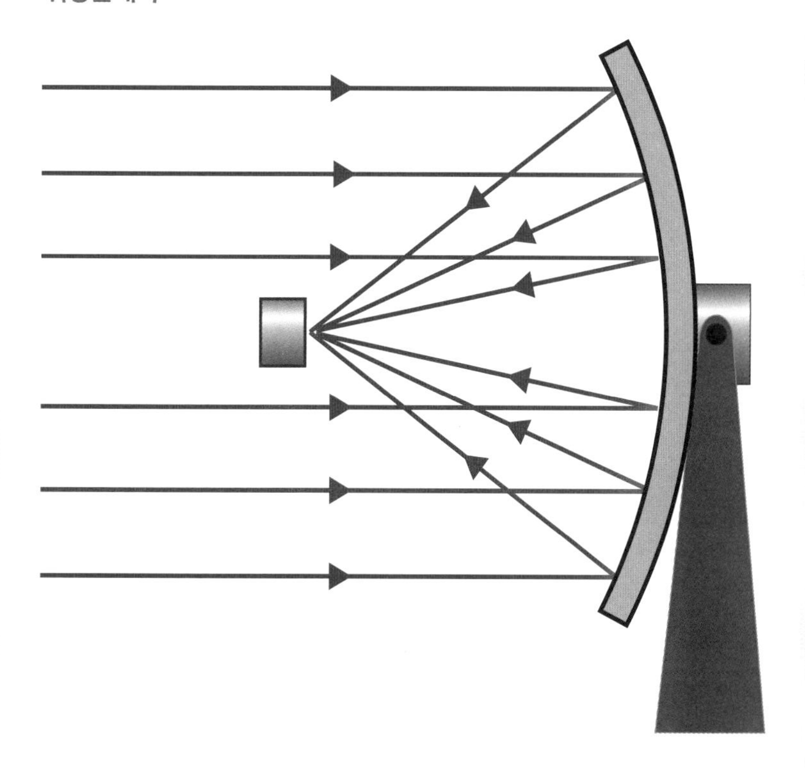

공중에 던져진 볼이 날아가는 형태, 분수에서 뿜어져 나오는 물이 그리는 우아한 포물선 그리고 위성안테나 모양의 공통점은 무엇일까? 모두 2차방정식으로 설명될 수 있다는 점이다.

3.4 삼차방정식

16세기 수학자들은 서로 결투를 신청하고 했는데 이때의 무기는 방정식을 푸는 수학적 기법이었다. 가장 인기 있는 결투가 삼차방정식 풀기였다.

삼차방정식은 변수 x의 가장 큰 승수가 3인 방정식이다. $x^3+2x-33=0$이 바로 그러한 예이며, 이 방정식의 해는 $x=3$이다.

우리는 모두 학교에서 이차방정식을 푸는 방법을 배웠으므로 아마 삼차방정식을 푸는 것이 상대적으로 쉽다고 생각할 것이다(3.2 참조). 이차방정식 $ax^2+bx+c=0$에서 x의 값은,

$$x = \frac{-b \pm \sqrt{b^2 - 4ac}}{2a}$$

이 공식(**근의 공식**)은 최소 서기 628년부터 있었지만, 삼차방정식에 대한 유사한 일반 공식은 알아내기 힘든 것으로 밝혀져 있다. 이에 따라 특정한 형태의 삼차방정식에 대한 해법을 찾는 사람들은 모두 그것을 비밀로 했다. 예를 들면, 사람들은 간편화 삼차방정식(depressed cubics)에 대한 해법으로 $x^3+bx^2+c=0$ 형태의 수식을 개발했지만 그것을 공유하려 하지는 않았다.

이탈리아 수학자 지롤라모 카르다노(Girolamo Cardano, 1501~1576)가 감추기 급급한 이 비밀에 종지부를 찍었다. 1545년 카르다노는 **간편화 삼차방정식**에 대한 해법을 두 사람으로부터 각각 입수했는데 그중 하나인 타르탈리아는 카르다노에게 비밀서약을 하게 했다. 하지만 카르다노는 위대한 저서 《아르스 마그나(Ars Magna)》에 이를 발표했으며, 모든 삼차방정식의 일반해를 찾기 위해 기발한 방법으로 사용했다.

《아르스 마그나》는 음수의 제곱근으로 계산한 최초의 사례를 담고 있다.

간편화 삼차방정식

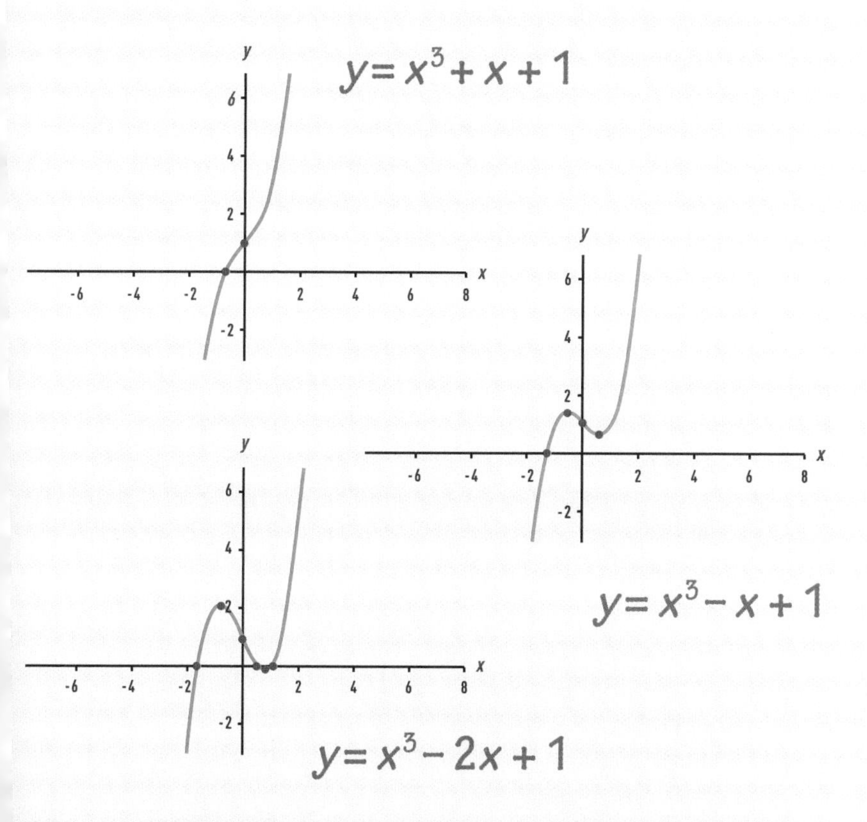

세 개의 그래프는 간편화 삼차방정식, 즉 제곱의 항이 없는 삼차방정식의 예다. 간편화 삼차방정식에 대한 해법은 스키피오네 델 페로(Scipione del Ferro, 1465~1526)와 니콜로 폰타나(Niccolo Fontana Tartaglia, 대략 1500~1557)가 각각 독자적으로 발견했다.

3.5 오차방정식

오차방정식의 해를 구하는 노력이 대칭의 탄생으로 이어졌으며, 두 명의 비극적 영웅이 업적을 남겼다.

$x^5=32$이면 x는 무엇일까? 답은 $x=2$이다. 즉 x의 가장 큰 제곱근이 5인 **오차방정식**도 완벽하게 풀 수 있다는 이야기다.

문제는 **일반해**가 있느냐다. '근의 공식'과 같이 모든 오차방정식에 대한 해를 줄 수 있는 공식이 있을 것인가. 놀랍게도 그 답은 '아니요'다. 이는 1824년 노르웨이 태생의 스물두 살 수학자 닐스 헨리크 아벨(Niels Henrik Abel, 1802~1829)이 증명했다. 불행히도 아벨은 5년 후 가난 속에서 허덕이다가 결핵으로 사망했다.

그리고 얼마 되지 않아 프랑스의 수학자 에바리스트 갈루아(Evariste Galois, 1811~1832)는 왜 오차방정식에는 일반해가 없는지 알아보기로 결심했다. 갈루아는 연구 중인 방정식에 대칭이 존재함을 발견했다. 이 대칭은 '만약 x가 $x^5=32$의 해이면 $-x$는 $x^5=-32$의 해'라는 것을 보여주었다. 그것은 마치 x와 $-x$가 서로를 거울로 비추는 것과 같다.

갈루아는 결국 왜 오차방정식에 일반해가 없는지를 설명하는 대칭이론(7.1 참조)을 개발했다. 하지만 불행히도 갈루아 역시 비극적으로 생을 마감한다. 1832년 스무 살의 나이에 결투로 요절하고 말았다.

갈루아의 연구는 수학의 세계를 떠받치는 기초 기둥인 그룹이론(group theory)의 토대가 되었다.

완전대칭

$$ax^5 + bx^4 + cx^3 + dx^2 + ex^2 + fx + e$$

오차방정식의 일반식

갈루아는 그룹이론(대칭의 수학적 연구)에 토대를 놓았다.
그룹이론은 기저의 수식이 대체로 대칭성을 보인다고 가정되는 물리학 분야에서 많이 응용된다.

3.6 다항식

변수의 거듭제곱들의 배수들이 덧셈이나 뺄셈으로 이어진 식을 다항식이라 부른다.

다항식(polynomials)의 예는 다음과 같다.

$x^4+2x^3-3x^2+4x+5$
$2x^{10}-10x^5+7x^3+9x^2+4x+17.$

이러한 방정식을 푸는 것은 항상 쉬운 일는 아니지만(3.5 참조), 다항식은 또 다른 아름다운 속성이 있다. 즉 다른 수학적 표현이 다항식의 용어로 등장할 수 있다. 예를 들어 삼각법에 따르면(2.4 참조), x의 코사인, 즉 $\cos(x)$는 다음과 같이 나타낼 수 있다.

$$\cos(x)=1-\frac{x^2}{2!}+\frac{x^4}{4!}-\frac{x^6}{6!}+\ldots$$

이렇게 무한정 긴 다항식을 **멱급수**(power series)라고 부르며 그것에는 아름다운 패턴이 있다. $\sin(x)$는 이와 상보적인 수식으로 나타낸다.

많은 수학적 표현에 대응하는 무한차 다항식(infinite polynomials)이 있으며 수학적 상황에서 매우 유용하다. 예를 들어 어떤 값 x에 대해 $\sin(x)$나 $\cos(x)$를 구할 필요가 있는데 계산기에 그런 수식 버튼이 없다면 멱급수의 처음 몇 개 항을 계산함으로써 근사치를 구할 수 있다.

임의의 수 n에 대해 $n\times(n-1)\times(n-2)\times(n-3)\times\ldots2\times1$의 결과를 n팩토리얼(n factorial)이라 부르며 약어로 $n!$로 나타낸다(73쪽 참조).

다항식 그래프

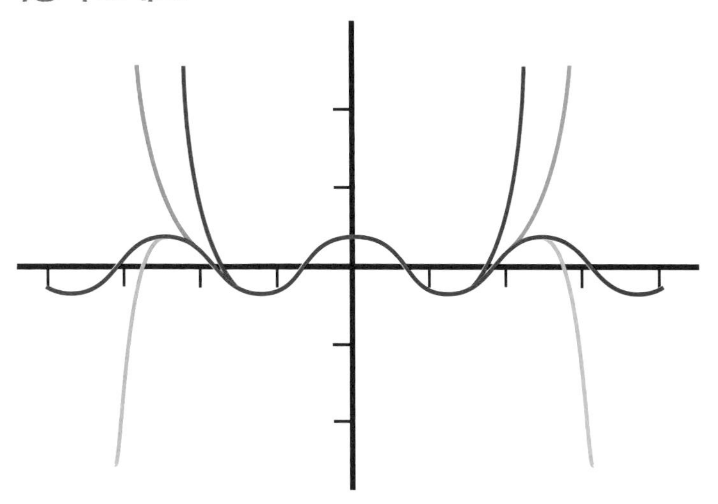

$$f(x) = 1 - \frac{x^2}{2!} + \frac{x^4}{4!} - \frac{x^6}{6!} + \frac{x^8}{8!}$$

$$f(x) = 1 - \frac{x^2}{2!} + \frac{x^4}{4!} - \frac{x^6}{6!} + \frac{x^8}{8!} - \frac{x^{10}}{10!} + \frac{x^{12}}{12!}$$

$$f(x) = 1 - \frac{x^2}{2!} + \frac{x^4}{4!} - \frac{x^6}{6!} + \frac{x^8}{8!} - \frac{x^{10}}{10!} + \frac{x^{12}}{12!} - \frac{x^{14}}{14!}$$

붉은 곡선은 cos(x)를 나타낸다. 그 이외 다른 곡선들은 멱급수의 처음 몇 개 항을 이용해 cos(x)의 근사치를 구한 것들이다.

3.7 멱함수* 법칙

놀랍게도 세상의 많은 현상이 (자연현상이건 인공현상이건) 특정한 종류의 수식으로 표현된다.

이 절에서는 다음과 같은 형태의 수식을 소개한다.

$y=1/x$
$y=1/x^2$
$y=1/x^3$

임의의 수 k에 대해 y가 $1/x^k$에 비례해 따라 변한다면 우리는 이것을 "**멱함수 법칙**에 따른다"라고 말한다.

네트워크에는, 그것이 친구 네트워크이건 인터넷이건 전력망 또는 교통망 등 그 어떤 네트워크가 되었건 간에 멱함수 법칙을 따르는 중요한 프로세스가 있다. 그 같은 네트워크에서 각 노드(node, 예를 들면 한 사람)는 다른 많은 노드(그의 친구들)와 연결되어 있다. 만약 정확히 x개의 다른 노드들과 연결된 노드들의 수 y를 세보면, x와 y 사이의 관계는 $y=1/x^k$와 비슷해지는 것을 알 수 있다. 여기서 k는 통상 2와 4 사이의 작은 수다.

이 멱함수 법칙의 보편성은 경이로워 보일 수 있지만, 수학자들은 이른바 "부자는 더 부유해진다(The rich get richer)"라는 문장으로 표현되는 단순한 메커니즘의 결과일 수 있다는 것을 보여줬다. 새로운 노드는 항상 이미 많은 연결을 가진 노드를 선택해 연결함으로써 네트워크가 성장한다고 가정하면, 자연스레 $y=1/x^k$에 형태의 관계가 나타나는 것을 알 수 있다.

지진은 멱함수 법칙을 따른다. 즉 y는 x의 규모로 발생한 지진의 횟수다.**

* $y=x^2$과 같이 거듭제곱으로 나타내는 함수.
** 지진의 규모가 작으면 자주 일어나고 규모가 큰 지진은 그 빈도수가 매우 낮다는 의미다.

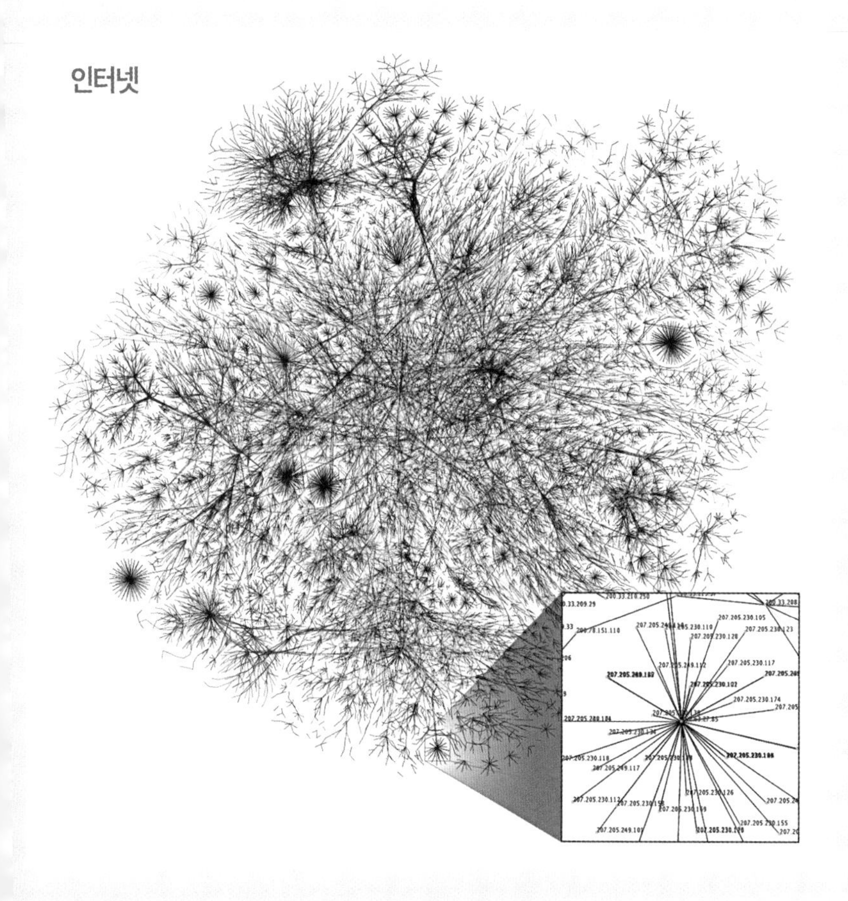

많은 네트워크가 링크 분포에서 멱함수 법칙의 행태를 보이는 것과 비슷한 모양을 취한다. 인터넷의 일부를 묘사한 이미지(2005년 이후의 데이터 기반).

3.8 복리와 e

빚을 지는 것이 즐겁지는 않지만, 수학에서 가장 중요한 수 e가 그 이자 계산법 뒤에 숨어 있다는 사실을 아는 것은 좋다.

우리가 100원을 연이율 100%로 빌린다고 가정하자(확실히 약간 비현실적이기는 하지만). 만약 연말에 은행이 당신이 갚아야 할 총액을 계산한다면 초기 대출 금액 100원과 이자 100원의 합이 될 것이다. 하지만 은행이 이자를 연이율의 4분의 1을 적용해 분기마다 계산해서 내라고 한다면?

첫 3개월 후 우리의 빚은,
$100+\frac{1}{4}\times100=100\times(1+\frac{1}{4})=125$원.

6개월 후 우리의 빚은,
$100\times(1+\frac{1}{4})+\frac{1}{4}\times[100\times(1+\frac{1}{4})]=100\times(1+\frac{1}{4})^2=156.25$원.

1년 후 우리의 빚은,
$100\times(1+\frac{1}{4})^4=244.14$원. 우리가 빌렸던 금액의 두 배보다도 많다.

만약 은행이 연이율 n을 $1/n$로 나누어 **복리**로 계산한다면, 갚아야 할 총액은 $(1+\frac{1}{n})^n$의 배수로 증가한다. 복리 횟수가 증가할수록(즉, n 값이 클수록), 갚아야 할 금액은 증가한다.

고맙게도 e라는 제한이 있다. 만약 더 큰 값의 n에 대하여 복리계수*를 계산하면 다음 값에 수렴한다. 즉 이를 초과하지 않는다.

$e=2.71828182845904523536028747135266249775724709369995...$

수 e는 증가를 설명하는 복잡한 방정식을 훨씬 간단한 방법으로 다시 쓰는 데 사용될 수 있다.

* 자금의 장래 가치를 산출할 때 사용되는 계수.

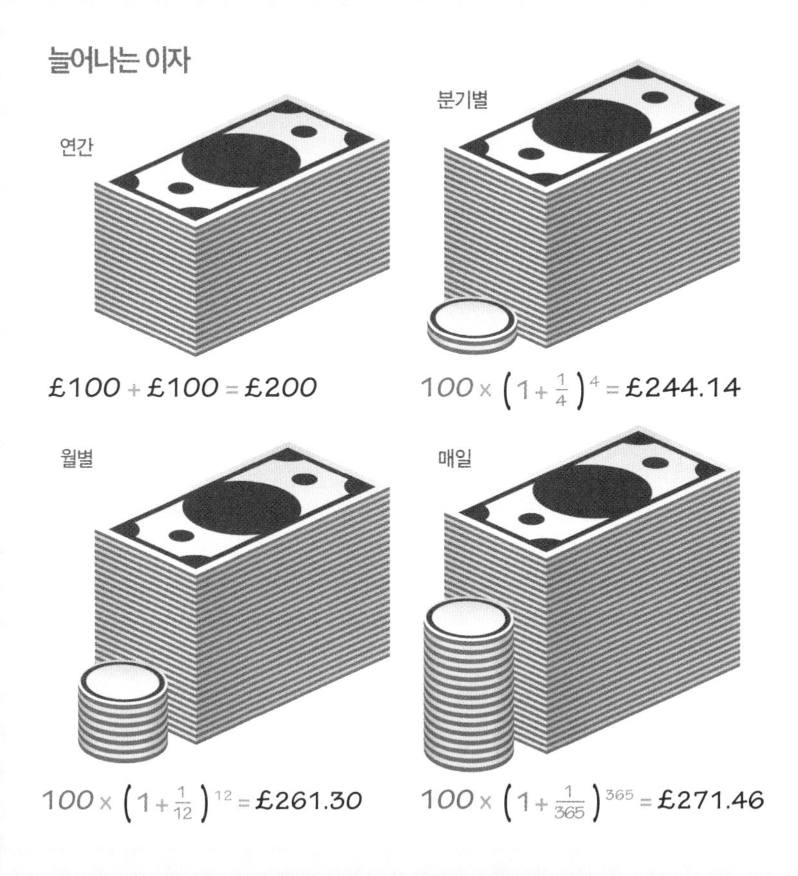

이자율을 계산하는 횟수가 늘어날수록 1년 후 갚아야 하는 금액은 증가한다. 이자율의 증가, 즉 복리는 빚의 저주이며, 마찬가지 이유로 저축에는 축복이다.

3.9 오일러의 등식

어느 수학자에게든 가장 아름다운 수학 공식이 무엇이냐고 묻는다면 그 대답은 아마 '오일러의 등식' 일 것이다.

오일러의 등식은 이것이다.

$e^{i\pi}+1=0$.

이 수식이 아름다운 이유는 무엇일까? 우선 이 방정식이 수학적으로 주요한 수들을 포함하고 있기 때문이다. 즉 증가를 나타내는 자연대수 e와, -1의 제곱근이자 복소수의 핵심 i, 그리고 원과 기하학의 수 π, 마지막으로 우리 수체계의 구성요소인 0과 1을 담고 있다.

또 다른 이유는 수식의 단순성이다. 이는 레온하르트 오일러(Leonhard Euler, 1707~1783)가 수 i를 수학에 어떻게 도입할지 궁리할 때 발견한 수식에 기초한다.

$e^{i\theta}=sin\theta+icos\theta$.

복소수가 평면에서 어느 한 점의 위치를 나타내고 이 수식의 양변 모두가 같은 복소수를 나타내고 있다(79쪽 참조). 만약 각 θ를 180도(각의 또 다른 기준인 라디안*으로는 π와 같음)로 회전시키면 $e^{i\theta}$의 점 (−1, 0)을 갖게 된다. 따라서 오일러의 공식으로부터 다음을 얻는다.

$e^{i\theta}=-1+0$.

이것을 어렵지 않게 재배열해서 오일러의 등식을 찾아낼 수 있을 것이다.

오일러의 등식에 등장하는 몇몇 기호는 수세기 동안 축적된 수학 연구 최정상의 풍부한 지식을 우아하게 전달한다.

* 호도(弧度, radian): 원의 반지름과 같은 길이를 갖는 호(arc)가 이루는 각을 말하며, 1라디안=360/(2π)=180/π이다.

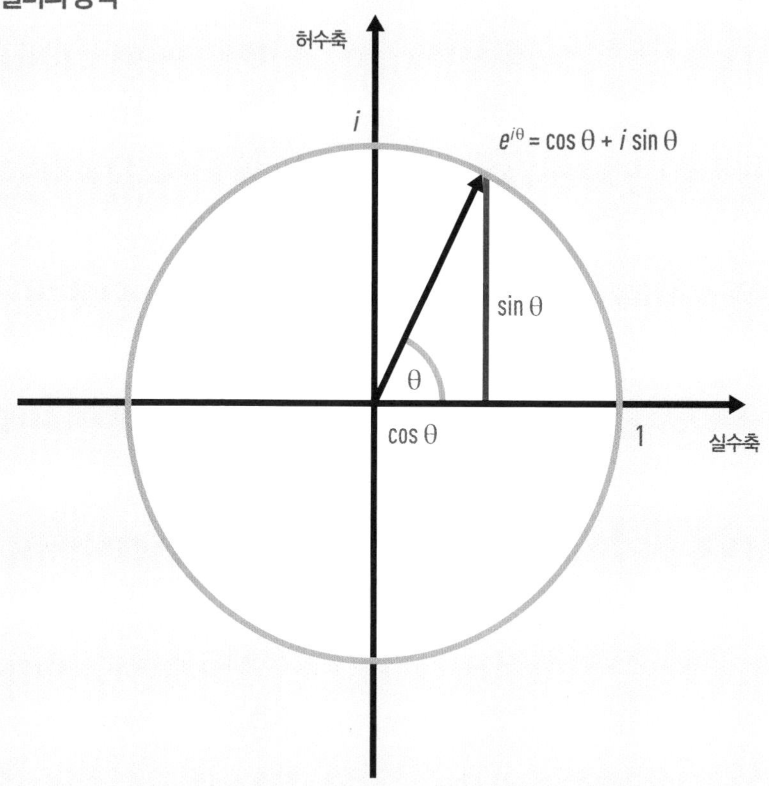

오일러의 공식의 좌변은 원점에서 출발하는 길이 1과 수평축으로부터 θ의 각을 가진 화살표가 닿는 점의 위치를 나타낸다. 우변은 그 점을 좌표$(\cos\theta, \sin\theta)$로 나타낸다.

3.10 페르마의 마지막 정리

지난 세기 가장 축복받은 수학적 결과 중 하나인 '페르마의 마지막 정리'는 단순한 직각삼각형을 기반으로 한다.

81쪽 이미지로 볼 수 있듯이 피타고라스 정리를 만족시키는 세 개의 정수는 많다. 이들 **피타고라스 삼원수**(Pythagorean triples)를 보다가 17세기 프랑스 수학자 피에르 페르마(Pierre de Fermat, 1601~1665)는 거듭제곱이 2보다 큰 세 개의 정수가 있는지 궁금했다. 즉 다음을 만족하는 정수가 있는지 알아보고 싶었다.

$a^3+b^3=c^3$ 또는 $a^4+b^4=c^4$ 등.

그는 조사를 시작했다. 하지만 놀랍게도 없었다. 이 추정, 즉 "거듭제곱이 2보다 큰 세 개의 정수는 없다"는 오늘날 '페르마의 마지막 정리'라는 명칭으로 잘 알려져 있다.

페르마는 자신의 추정을 책의 여백에 써놨는데 이 한 문장으로 끝맺는다. "나는 이에 대한 정말 놀라운 증명을 찾았지만, 그것을 담기에는 여백이 너무 좁다."

이 한 문장은 그로부터 350년도 더 지난 1993년 영국의 수학자 앤드루 와일즈 경(Sir Andrew Wiles)이 그것을 증명해냄으로써 세상을 놀라게 할 때까지 수많은 수학자를 조롱했다. 사실 결과적으로 그는 페르마의 마지막 정리를 입증하는 더 일반적인 결과를 증명한 것이었다. 첫 발표 후 와일즈와 그의 동료가 몇 가지 실수를 바로잡는 데만 1년이 걸렸다. 150쪽이 넘는 그 최종 증명은 수학에 지대한 영향을 미친 새로운 수학적 기법을 포함하고 있다.

와일즈는 '페르마의 마지막 정리'를 7년 동안 비밀리에 연구했다.

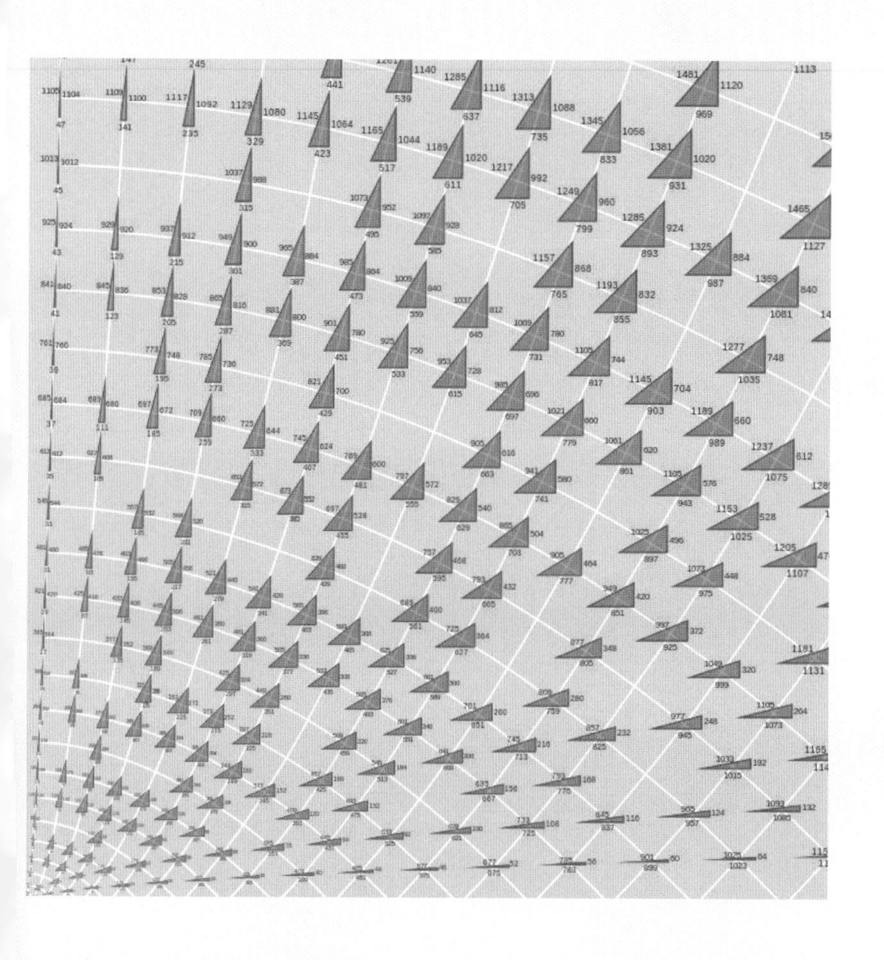

직각삼각형의 세 변을 구성하는 세 정수 a, b, c의 예는 많다. 그러한 세 수(a, b, c)의 집합을 피타고라스 삼원수라 부른다. 이러한 삼각형은 무수히 많으며, 그 예가 위 그림 속에 있다.

극한

수학자들은 어떤 것들을 극한까지 가져가기를 좋아한다. 수학에서는 물론 삶에서 어디로 가고 있는지를 아는 것은 좋은 일이다. 이 장에서 우리는 최종 목표로 수렴해가는 일련의 단계가 직관적으로 무엇을 의미하는지를 탐구하게 될 것이다.

우리는 이 아이디어를 수학에서 가장 유명한 수열에서 보게 되는데, 수열을 무한대로 확장하면 나선은하부터 나뭇잎까지 어디서나 유한수를 볼 수 있다. 황금률이라 불리는 이 수는 무리수 중 가장 비합리적인 수로 유명하다. 이는 '연분수(連分數)'라는 특별한 방법을 쓰면서 밝혀진 사실이다. 수를 이 같은 방식으로 쓰면 유리수의 특별한 속성과 많은 무리수 뒤에 숨겨진 패턴도 밝힐 수 있다.

무한수열의 최종 목적지는 '극한'이라 불린다. 극한의 언어는 많은 수학자로 하여금 인생의 위대한 상수인 '변화'를 설명할 수 있게 했다. 미적분은 막강한 위력과 정밀도로 변화를 설명하는 데 사용된다. 미적분 발견은 수학에서 가장 심한 분쟁, 즉 아이작 뉴턴(Isaac Newton)과 고트프리트 라이프니츠(Gottfried Leibniz) 사이에서 일어난 분쟁의 중심에 있었다.

이 장에서 우리는 또한 케이크를 어떻게 무한대의 많은 조각으로 자르느냐와 시간을 어떻게 나누느냐 하는 문제가 약자가(또는 느린 거북이가) 경주에서 패배하지 않는 데 어떤 의미를 주는지를 알게 될 것이다. 아마 뉴턴과 라이프니츠는 서로의 견해 차이를 커피와 케이크로 해결했거나 경주로 결정했을 것이다.

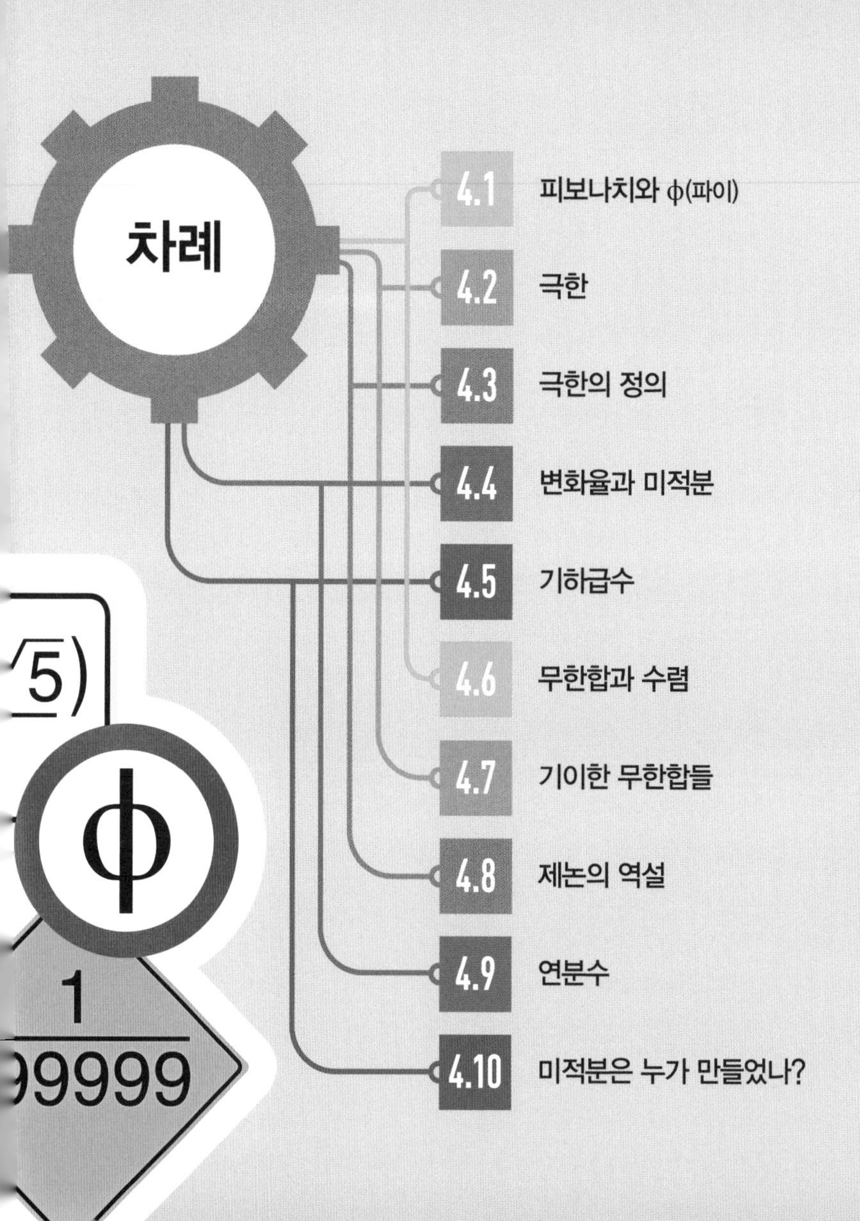

차례

4.1 피보나치와 φ(파이)

한 유명한 수열이 수학을 '극한'으로 데려간다.

다음 수열에서 각 수(2 이후부터)는 바로 앞 2개 수의 합이다.

1, 1, 2, 3, 5, 8, 13, 21, 34, 55, 89, 144, ...

이 수열은 1202년 이 수열에 대해 쓴 이탈리아의 수학자 피보나치(Fibonacci, 1170?~1250?)의 이름을 따라 명명되었다. 이 수열은 상당히 재미있는 특징을 갖고 있는데, 각 항을 바로 앞의 수로 나누면 새로운 수열이 나타난다는 점이다.

$^{1}/_{1}$, $^{2}/_{1}$, $^{3}/_{2}$, $^{5}/_{3}$, $^{8}/_{5}$, $^{13}/_{8}$, $^{21}/_{13}$, $^{34}/_{21}$, $^{55}/_{34}$, $^{89}/_{55}$, $^{144}/_{89}$, ...

십진법으로 나타내면(소수점 넷째 자리에서 반올림) 다음과 같다.

1, 2, 1.5, 1.6667, 1.6, 1.6250, 1.6154, 1.6190, 1.6176, 1.6181, 1.6180.

이 새로운 수열을 따라가면, 수들이 항상 1.618 주위에 있는 것처럼 보인다. 사실, 그 수들은 φ(파이, *phi*)라 부르는 매우 특별한 수에 임의로 가까워진다.

φ=1.618033988..., 이는 다음과 같이 나타낼 수도 있다.

$$\phi=\frac{(1+\sqrt{5})}{2}$$

φ는 많은 기하학 도형에서 나타나는데, 피보나치수열과 함께, 식물의 생장 등 성장 패턴에서도 발견된다. 그리하여 수학에서 가장 유명한 상수 중 하나가 되었다.

φ는 황금비율이라 불리며 고대 그리스부터 알려져 있었다. 또한 극한의 첫 사례다

피보나치 나선

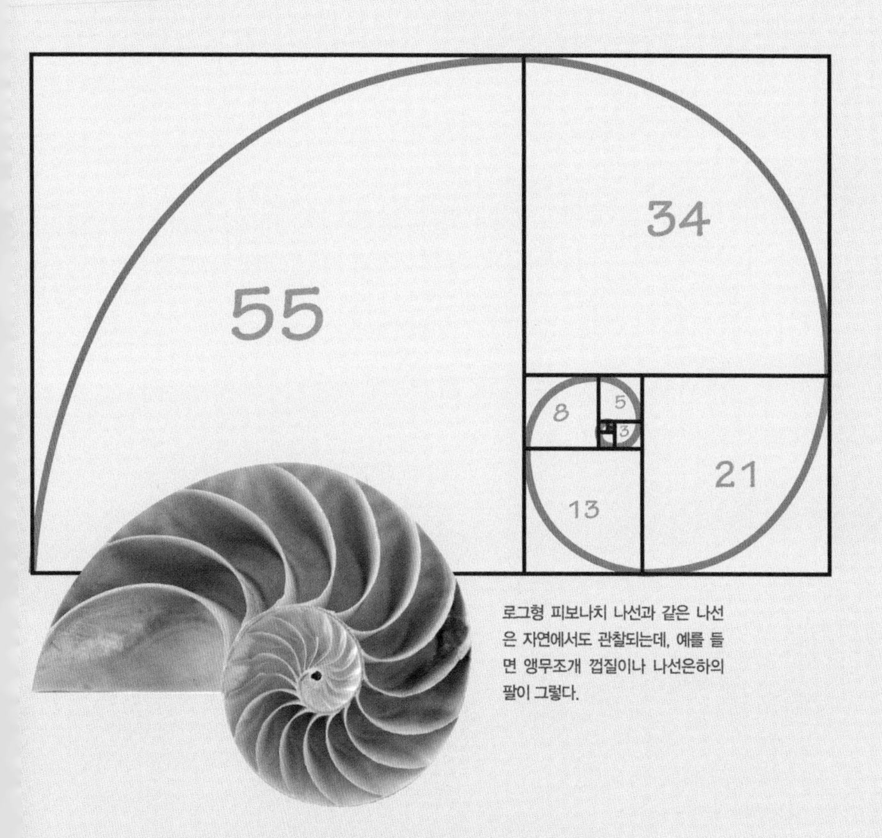

로그형 피보나치 나선과 같은 나선은 자연에서도 관찰되는데, 예를 들면 앵무조개 껍질이나 나선은하의 팔이 그렇다.

변의 길이(위 정사각형 안의 수들)가 피보나치수열을 따르는 정사각형들의 마주보는 두 모서리를 원호로 연결하면 피보나치 나선을 얻을 수 있다.

4.2 극한

많은 수열이 다양한 방법으로 극한값에 접근해간다.

다음 수열을 검토해보자.

$\frac{1}{2}, \frac{2}{3}, \frac{3}{4}, \frac{4}{5}, \frac{5}{6}, \frac{6}{7}, \ldots$

이 수열을 따라가보면 수는 점점 더 커지지만 절대 1을 넘지는 않는다. 이것은 수열의 수가 점점 커지지만 절대 어떤 한계를 넘지 않는 이상한 개념이다. 이는 수가 증가하는 단계가 점점 작아지기 때문이며, 어떤 단계도 1을 넘을 만큼 충분히 크지 않은 것이다. 감소하는 수열에서도 비슷한 현상을 볼 수 있다.

$\frac{1}{2}, \frac{1}{3}, \frac{1}{4}, \frac{1}{5}, \frac{1}{6}, \frac{1}{7}, \ldots$

이 경우, 수는 점점 작아지지만 0 아래로 내려가지는 않는다. 유사한 행태의 진동수열도 있는데 예를 들면 다음과 같다.

$\frac{1}{2}, -\frac{1}{3}, \frac{1}{4}, -\frac{1}{5}, \frac{1}{6}, -\frac{1}{7}, \frac{1}{8}, -\frac{1}{9}, \ldots$

여기서 수는 한 단계에서는 증가하지만 그다음 단계에서는 감소한다. 하지만 무작위로 튀지는 않는다. 대신 '0'을 향해 간다.

이것은 수학에서 가장 중요한 개념 중 하나를 보여준다. 즉 수열은 어떤 **극한값**으로 **수렴**할 수 있다는 것이다. 이 아이디어가 미적분(4.4 참조)의 핵심이며, 수학을 다양한 분야에 응용할 수 있게 하는 원동력이다. 극한이 없다면 수학은 그 자체로 제한될 것이다.

목욕탕에서 "유레카!"를 외친 것으로 유명한 아르키메데스(Archimedes)는 극한을 처음으로 사용한 수학자 중 한 사람이었다.

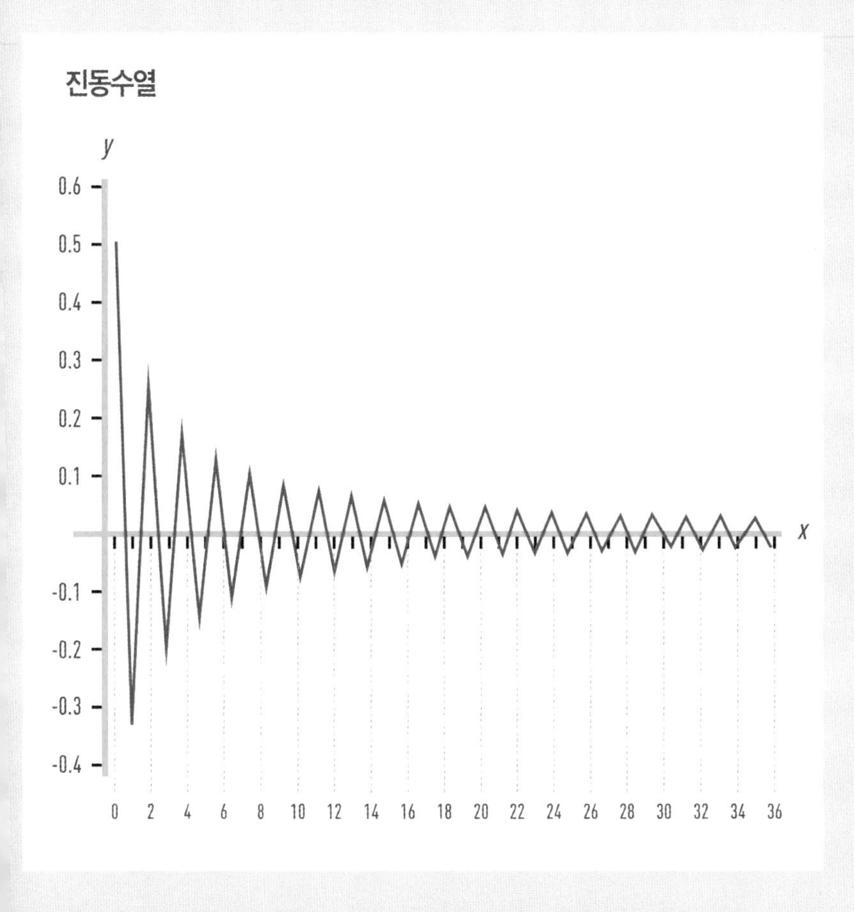

위 그래프는 진동수열 $\frac{1}{2}$, $-\frac{1}{3}$, $\frac{1}{4}$, $-\frac{1}{5}$,…을 예시한다. 점들이 x축의 양쪽에서 '0'으로 접근하지만 거기에 도달하지는 않는다.

4.3 극한의 정의

직관적으로, 수열이 어느 극한으로 수렴한다고 말하는 것이 무엇을 의미하는지는 명백하다. 하지만 실제로 이를 말로 설명하기는 어렵다.

여기 **극한**의 정의가 있다. 두려워할 필요는 없다. 극한이 실제로는 매우 현명한 것임을 알게 될 테니까 말이다.

"만약, 충분히 작은 임의의 양의 수 ε(그리스 문자, 입실론)이 있고, 어떤 수열에서 N번째 항 이후의 모든 항이 어느 수 x로부터 ε의 거리 안에 있도록 하는 충분히 큰 수 N을 찾을 수 있으면 그 수열은 극한 x(limit x)에 수렴한다."

이 아이디어는 곧 이런 것이다. 0.0000001과 같이 아주 작은 수 ε을 택하면 수열에는 항상 x로부터 ε의 거리 내에 있는 어느 한 수(a라 하자)가 있을 것이다. 이는 수열의 수들이 임의로 극한 x(limit x)에 접근한다는 사실을 나타낸다. 수 N은 수열이 a 이후 x에서 벗어날 가능성을 배제한다.

극한을 다른 방법으로 정의하고자 시도한다 해도 곧 어려움에 빠질 것이다. 가장 수학적인 언어가 그 역량을 충분히 발휘한 것이 바로 이 '정의'다.

모든 수학자는 ε이 항상 아주 작은 수라는 것을 안다.

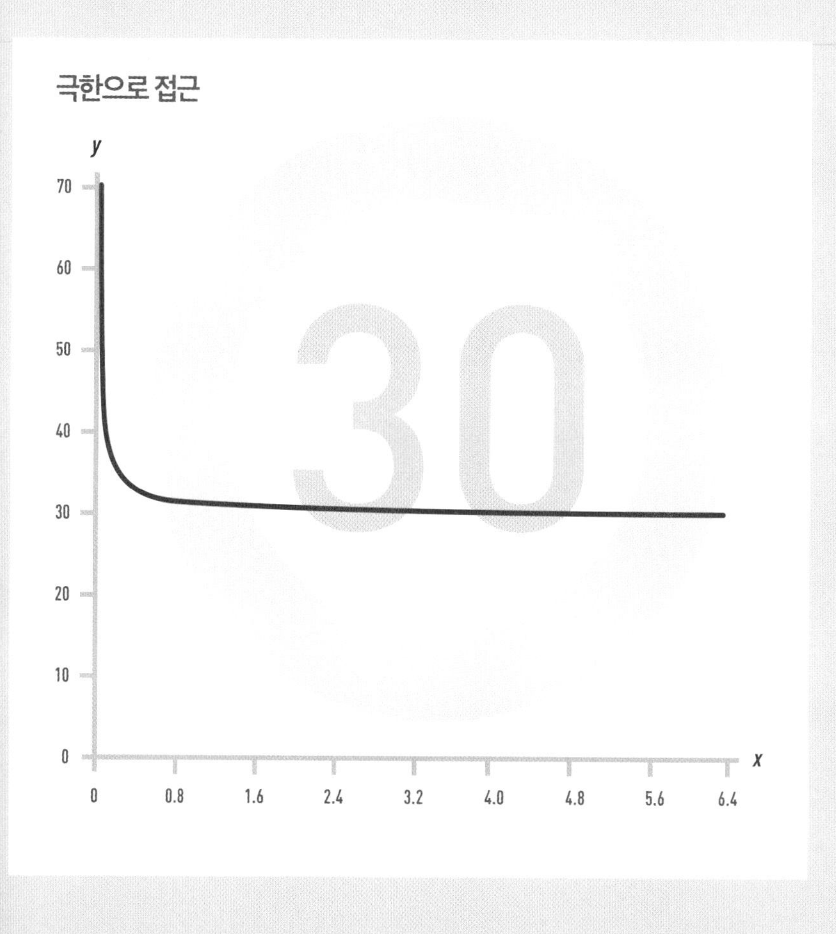

이 그래프는 x=1, 2, 3,...에 대해 수열 30+1/x의 값을 따라간다. '극한 30'에서 0.0000001 안에 있으려면 10000000번째 항까지 가야 한다. 그다음의 모든 점은 30으로부터 이 거리 안에 있다.

4.4 변화율과 미적분

삶의 유일한 상수는 '변화'라고 한다. 그렇다면 상태가 어떻게 변화하는지를 이해하는 것은 매우 중요한 일이다. 미적분은 이를 완벽하게 설명한다.

우리는 삶의 모든 곳에서 **변화율**을 경험한다. 속도는 거리의 변화율이고, 가속은 속도의 변화율을 설명하며, 힘은 물체에 대한 작용의 변화율이다. 그리고 모든 변화율은 시간 단위로 측정된다.

변화율을 측정하는 것은 시간을 어떤 단위로 나누는 것을 포함한다. 예를 들어 당신이 사다리를 오르는 데 걸리는 총시간이 하나의 시간 단위가 될 수 있다. 이때 당신이 사다리를 오른 거리에 대한 변화율은 단순히 그 시간 단위당 올라간 거리다. 또 그 거리를 사다리의 각 계단 단위로 나누어 시간 단위를 더 잘게 나눌 수도 있다. 그러면 당신이 지나간 거리에서의 변화율은 '새로운 시간 단위당 사다리의 가로대 사이의 길이'다. 만약 각 계단을 오르는 데 같은 양의 시간이 결렸다면 그 변화율은 일정할 것이다. 하지만 피곤해져서 더 천천히 오르게 되었다면 계속 앞으로 나아가더라도 지나간 거리에서의 변화율은 감소할 것이다.

미적분은 어느 순간에서든 변화율을 계산할 수 있을 때까지 시간 단위가 **극소량**(infinitesimal)이 되어 아주 작아질 수 있도록 하면서 어느 수량의 변화율을 계산하는 과정이다.

날카로운 모서리, 꺾임 또는 튀어 오르는 것은 미적분을 할 수가 없다. 수량의 변화가 매끄러워야 한다.

미적분의 즐거움을 이해하려면 놀이터 미끄럼틀에 가서 다양한 장치를 생각해보라. 처음에는 사다리를 올라간다. 꼭대기에서 잠깐 멈춘 다음 반대편으로 휙 미끄러져 내려간다.

4.5 기하급수

하나의 케이크를 무한히 많은 사람에게 나누어 줄 방법은 무엇일까? 기하급수를 이용하면 된다.

95쪽 그림과 같이 케이크를 나누어 준다면 각 사람은 앞사람이 받는 케이크 조각의 절반 크기의 조각을 받게 된다. 즉 처음으로 받는 사람은 케이크의 절반을 갖는다. 두 번째 사람은 절반의 절반을 갖는다.

$\frac{1}{2} \times \frac{1}{2} = \frac{1}{4} = \frac{1}{2^2}$,

그리하여 n번째 사람의 케이크 조각의 크기는 $\frac{1}{2^n}$이다.

만약 일련의 조각 크기들을 합하면 그 결과는 이른바 **기하급수**(geometric series)라는 것이 된다.

$\frac{1}{2} + \frac{1}{4} + \frac{1}{8} + \frac{1}{16} + \frac{1}{32} + \ . \ . \ . + \frac{1}{2^n} + \ldots$,

그리고 이를 모두 더하면 1, 곧 케이크 전체의 크기가 되어야 한다.

놀랍게도 무한합(infinite sum)은 유한한 결과를 가질 수 있다. 기하급수는 각 항이 그 이전의 항과 정률 r의 곱인 급수(級數)다. 일반적으로 기하급수가 유한한 합을 가지는 필요충분조건은 정률 r이 엄격히 1보다 작아야 한다는 것이다.

처음 나누어 준 n개의 케이크 조각의 크기는 $1-\frac{1}{2n}$이다.

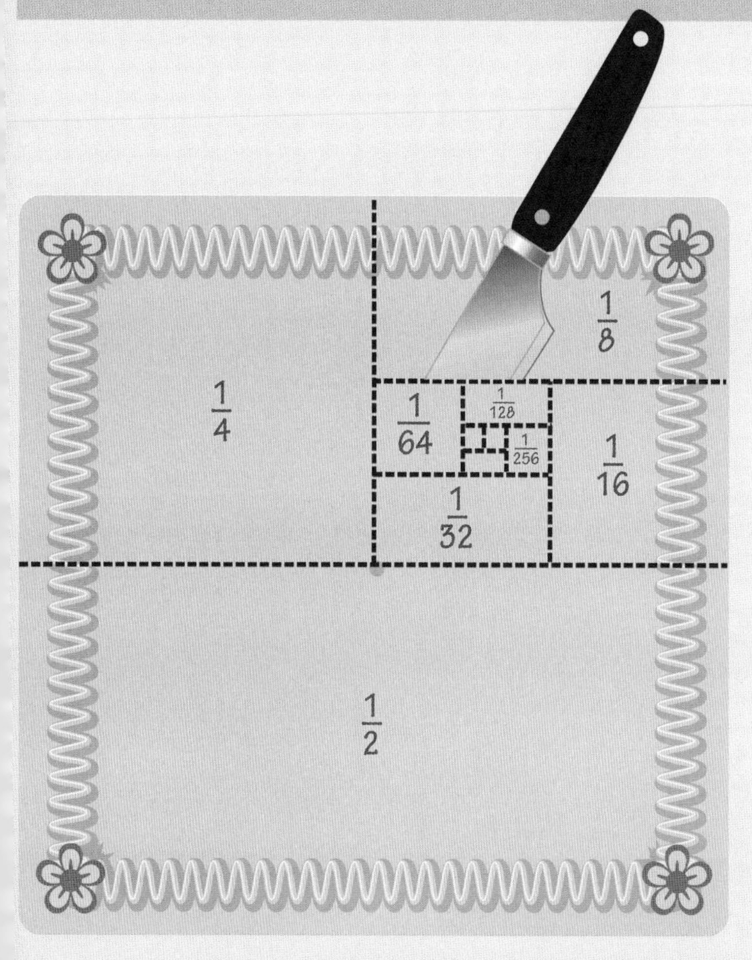

첫 사람에게 케이크의 절반을 준다. 두 번째 사람에게는 나머지의 절반을 준다. 그다음 사람에게는 또 나머지의 절반을 주고 계속 이런 방식으로 절반을 잘라 준다. 모든 조각의 뒤에는 항상 남는 케이크가 있을 것이다.

4.6 무한합과 수렴

94쪽의 주제는 어느 무한합의 합은 1과 같음을 시사한다. 하지만 어느 무한합이 유한의 값을 갖는다는 것은 무엇을 의미하는가?

무한합의 **부분합**, 곧 한 번에 한 항씩을 더해 생성되는 합들을 생각해보자.
94쪽의 기하급수에서 n번째 부분합은,

$S_n = \frac{1}{2} + \frac{1}{4} + \frac{1}{8} + \frac{1}{16} + \frac{1}{32} + \ldots + \frac{1}{2^n}$.

이 부분합들은 S_1, S_2, S_3 등의 수열을 형성한다. 우리는 수열의 수렴이 무엇을 의미하는지 알고 있다(4.2와 4.3 참조). 만약 부분합 수열이 어느 한 극한으로 수렴한다면 그 무한합은 **수렴한다**고 할 수 있다.

분명 무한합이 유한의 답을 가지려면 각 항들이 점점 작아져야 하지만 이것이 항상 충분조건은 아니다. 예를 들면 **조화급수**가 있다.

$1 + \frac{1}{2} + \frac{1}{3} + \frac{1}{4} + \frac{1}{5} + \ldots$은 각 항 $\frac{1}{n}$이 '0'에 가까워지지만 유한한 극한으로 수렴하지는 않는다. 왜냐하면 이 급수의 부분합들이 수렴하지 않기 때문이다. 사실 그 부분합들은 무한대로 커지며, 이러한 합을 **발산**(divergent)이라 한다.

조화급수는 매우 느리게 발산한다. 그래서 값이 100보다 큰 부분합을 구하려면 10^{43}개 이상의 항을 더해야 한다!

조화급수

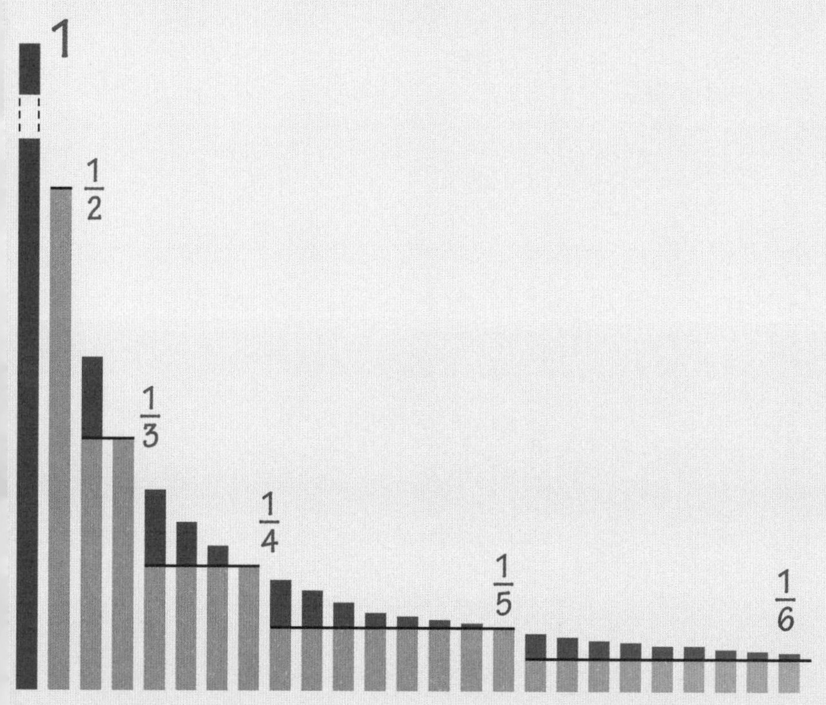

조화급수의 합은 발산한다.

조화급수의 항들을 그룹으로 나눌 수 있는데, 각 그룹의 합은 ½보다 크다. 즉 위 그림으로 볼 수 있듯이 각 그룹에서 파란색 막대들의 합은 정확히 그 앞 그룹의 ½이다. 무한히 많은 ½들을 더하면 무한대 값이 될 것이다.

4.7 기이한 무한합들

무한합은 상황을 매우 재미나게 만든다.

다음의 무한급수를 고려해보자.

$S=1-1+1-1+1-1+...$

위 급수의 항들을 다음과 같이 쌍으로 그룹화할 수 있다.

$S=(1-1)+(1-1)+(1-1)+...$

각 괄호 안을 계산하면 결과는 이렇다. $S=0+0+0+...$

따라서 S는 0인 것같이 보인다. 하지만 S를 다음과 같이 써본다면 어떨까?

$S=1+(-1+1)+(-1+1)+(-1+1)+...$

이렇게 하면 $S=1+0+0+...$가 되므로 S는 1이 되어야 한다.

따라서 그 합은 동시에 0과 1 둘 다가 된다고 믿을 만한 충분한 이유가 있다. 이것은 그 무한합은 4.6에서 알아본 바와 같은 일반적 의미에서는 수렴하지 않는다는 사실로 귀결된다. 그러한 **발산하는** 합들로 어떤 종류든 재미있는 게임을 할 수 있다. 그리고 **교대조화급수**(alternating harmonic series)를 살펴본다면 상황은 더 재미있어진다.

$1 - \frac{1}{2} + \frac{1}{3} - \frac{1}{4} + \frac{1}{5} - \frac{1}{6} + ...$

진동하는 조화급수는 통상의 순서로 합하면 *ln*(2)≈0.69로 수렴한다.

간단히 항들을 재배열함으로써 이 합을 원하는 어떤 수에라도 (일반적인 의미에서) 수렴하게 만들 수 있다! 무한합은 신중히 다루어야 한다는 것을 보여준다.

카시미르 효과(Casimir effect)

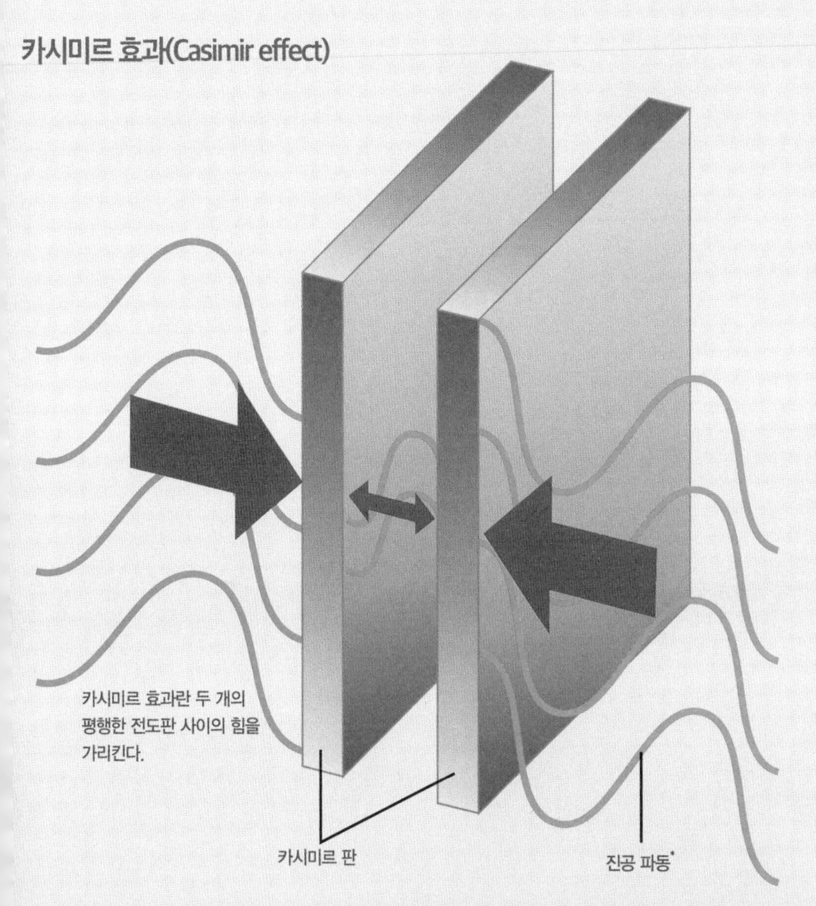

카시미르 효과란 두 개의 평행한 전도판 사이의 힘을 가리킨다.

1+2+3+4+5+...=$-\frac{1}{12}$임을 보여준다. 발산하는 무한합은 물리학 범주에 들어간다. 무한합이 유한한 양으로 주어지는 결과는 실제로 카시미르 효과를 예측해준다. 이 수학적 트릭은 실험으로 확인된다.

* 진공 상태에서의 에너지 파동

4.8 제논의 역설

고대 수학자 제논은 오늘날까지도 우리를 계속 곤혹스럽게 하는 역설을 제안했다. 즉 그는 어떻게 하면 느린 거북이가 그리스의 전사 아킬레스를 앞지르게 할 수 있을지를 보여주었다.

101쪽 그림과 같은 경주를 한다고 가정하자. 1분 후 아킬레스(Achilles)는 거북이가 출발한 지점인 T_0=100m에 도착한다. 이때 거북이는 이미 1m를 더 가서 T_1=101m 지점에 있다. 아킬레스는 또 다시 0.01분 후에 T_1 지점에 도착하겠지만 그때 거북이는 이미 0.01m를 더 가서 T_2=101.01m 지점에 있을 것이고 이러한 상황은 계속될 것이다.

거북이가 지나간 지점에 아킬레스가 도달할 때마다 거북이는 살그머니 더 앞으로 가기 때문에 아킬레스는 절대 거북이를 따라잡을 수 없을 것처럼 보인다. 하지만 우리는 아킬레스가 경주를 1000/100=10분 안에 경주를 끝내는 반면, 거북이는 (결승선을) 훨씬 나중인 (1000−100)/1=900분 후에 결승선을 통과할 것이라는 사실을 안다.

제논이 설명했듯이 아킬레스의 거리는 다음과 같이 쓸 수 있다.

100+1+0.01+0.001+0.0001+...

이것은 **기하급수**다(4.5 참조). 급수의 비율 r=0.01이며 1보다 작으므로 이 무한합은 유한한 값으로 수렴할 것이다. 실제로 그 급수는 경주 시작 후 1.010101...분 후에 도달하는 지점인 101.010101...로 수렴하고, 그 지점에서 아킬레스는 거북이를 따라잡을 것이다. 제논은 시간과 거리를 아주 작은 조각으로 나눔으로써 절대 그 지점에 이르지 못한다는 인상을 만들어낸 것이다.

사실 제논은 아킬레스가 거북이를 앞지르지 못하도록 시간을 계속 연장시키고 있다.

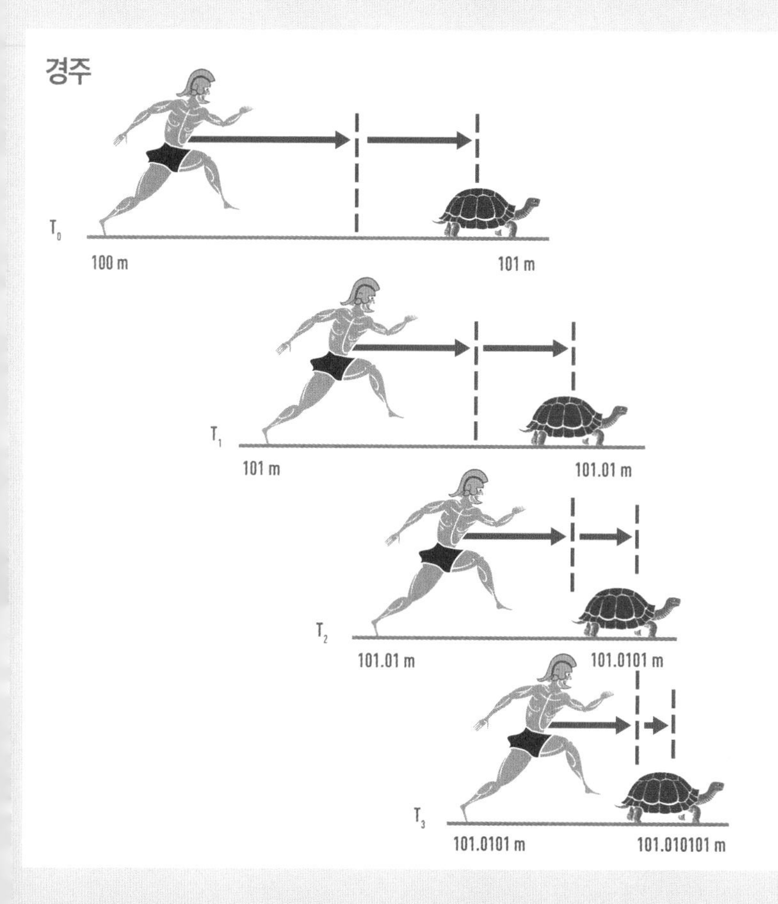

아킬레스는 거북이와 1,000m 경주를 한다. 그는 1분에 100m를 뛰고 거북이는 여유 있게 1분에 1m를 간다. 거북이는 너무 느려 100m 앞에서 출발한다. 누가 이길까?

4.9 연분수

모든 수는 연분수로 나타낼 수 있다. 연분수는 유리수에서는 유한하며 무리수에서는 무한하다.

간단한 분수로 무리수를 나타낼 수는 없지만 그 근사치를 나타낼 수는 있다. 예를 들면, π는 약 22/7다. 만약 q보다 더 작은 분모를 가지며 x에 더 가까운 분수를 찾을 수 없다면, 분수 p/q는 무리수 x의 유효한 근사치다. 그리고 이런 면에서 어떤 수의 **연분수**는 최선의 근사치를 제공한다. 무한 연분수를 잘라내서 이들을 계산할 수 있다. 예를 들면, 다음에서 처음 다섯 개의 유효한 근사치는,

$$\pi = 3 + \cfrac{1}{7 + \cfrac{1}{15 + \cfrac{1}{1 + \cfrac{1}{292 + \cfrac{1}{\ }}}}}$$

이며, 이는 연분수의 1, 2, 3, 4 그리고 5 레벨까지를 표현한 것이며, 다음 값들로 귀결된다.

3, 22/7, 333/106, 355/113, 103993/33102.

이 근사치들은 아주 빠르게 π의 참값을 향해 접근해, 그 참값과 각각 약 0.141, 0.001, 0.0008, 0.0000003 그리고 0.0000000006의 차이를 갖는다. π의 연분수로 나타내기 때문에 π에 대한 유효한 근사치가 출현한다. 만약 연분수 안의 각 레벨에 나타나는 수들이(위에서는 7, 15, 292 등) 한계가 있다면(즉 어느 고정수 이상으로 커지지 않는다면) **근사치를 내기가 어렵다**고 표현하며, 이것은 어떤 의미에서 그 수가 어느 정도의 무리수인가에 척도가 된다.

π의 표준 연분수에서는 어떤 패턴을 찾을 수가 없다.

$$\phi = 1 + \cfrac{1}{1 + \cfrac{1}{1 + \cfrac{1}{1 + \cfrac{1}{1 + \cfrac{1}{1 + \cfrac{1}{1 + \cfrac{1}{1 + \cfrac{1}{1 + \cdots}}}}}}}}$$

ϕ의 연분수.
이 패턴이 ϕ를
대표적인 무리수로 만든다.

ϕ의 소수전개

$$\phi = 1.61803\ldots$$

ϕ의 유리근사값

$$\frac{1}{1}, \frac{2}{1}, \frac{3}{2}, \frac{5}{3}, \frac{8}{5}, \frac{13}{8}, \frac{21}{13}, \ldots$$

ϕ의 연분수의 경우 소수전개에서는 명확하지 않은 멋진 패턴이 나타난다. 연분수 안에 1만 갖고 있으며, 대표적인 무리수가 된다.

4.10 미적분은 누가 만들었나?

미적분 발명 이후 미적분의 두 주인공 사이의 비극적 분쟁이 뒤따랐다.

미적분을 만든 사람은 대략 두 사람으로 압축된다. 영국인 아이작 뉴턴(1643~1727)과 독일인 고트프리트 빌헬름 라이프니츠(1646~1716)로, 둘 다 수학 천재였다.

뉴턴은 기념비적 저서 《자연철학의 수학적 원리(Philosophiæ Natu-ralis Principia Mathematica, 프린키피아)》에 자기 버전의 미적분을 1687년에 발표했다. 3년 전인 1684년, 라이프니츠는 그 주제에 대한 자신의 첫 논문을 발표했다. 하지만 뉴턴은 자신의 나이가 고작 23세이던 1666년에 이미 미적분법의 핵심 개념들을 만들었다고 주장했다. 문제는 누가 먼저 만들었냐가 아니고(아무도 뉴턴이 먼저 만들었음을 의심하지 않았다), 라이프니츠가 자신의 그 개념을 과연 혼자서 만들어냈을까 하는 것이었다.

라이프니츠가 뉴턴의 연구를 보았고 나중에 이 사실을 감추려 했다는 것을 시사하는 증거는 있다. 하지만 뉴턴도 완전무결한 것은 아니다. 런던왕립학회(The Royal Society)는 이와 관련한 분쟁을 조사했고, 1713년 뉴턴을 편드는 보고서를 발표했다. 그런데 그 보고서는 뉴턴 자신이 쓴 것이었다!

뉴턴은 수학 이외에도 광학, 천문학을 포함한 다양한 분야에 기여했다.

오늘날 역사가들은 라이프니츠가 뉴턴과 상관없이 독자적으로 미적분을 알아냈다는 데 동의한다. 미적분을 표현하고자 그가 만든 표기법(기호방식)은 매우 쉬워 오늘날에도 사용되고 있다. 그러므로 어떤 의미에서 보면 라이프니츠가 이긴 셈이다.

뉴턴(왼쪽)과 그의 미적분 버전, 그리고 라이프니츠(오른쪽)와 그의 미적분 버전.

확률

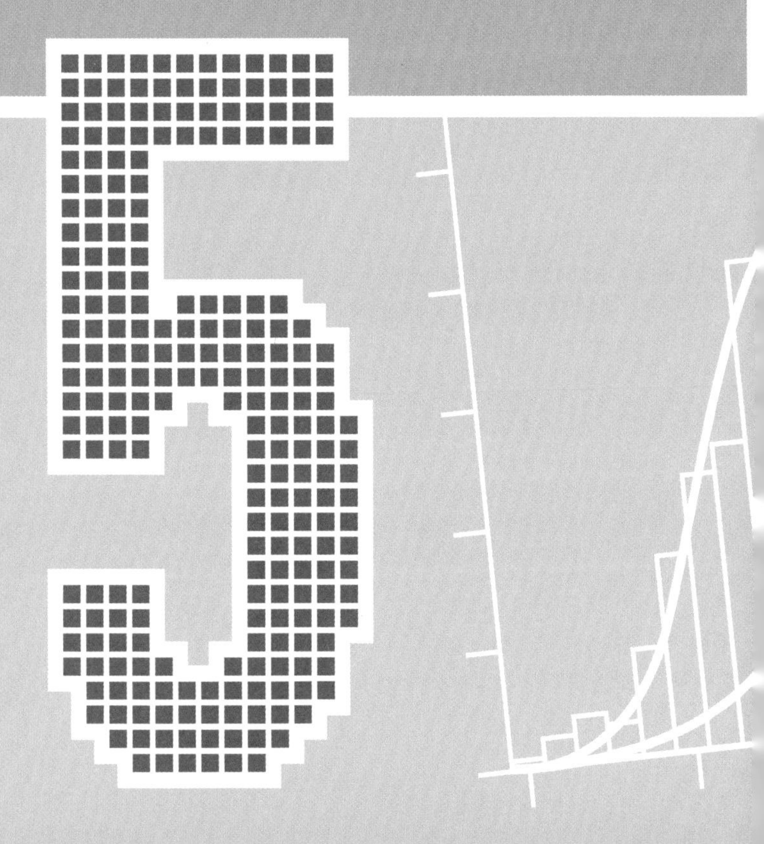

우연이란 모호한 것이다. 자연적으로는 예측이 어려우며, 따라서 얼핏 봐서는 합리적인 방법으로는 그것을 다루기가 불가능해 보인다. 하지만 우연조차도 약간의 수학으로 관리될 수 있다는 게 밝혀졌다.

이 장에서 우리는 어떤 사건의 확률을 어떻게 정의하는지 알게 될 것이며, 로또 당첨의 가능성이 왜 그렇게 낮은지를 알게 될 것이고, 확률 계산을 위해 수학자들이 이용하는 기본 법칙들과 만나게 될 것이다. 우리는 무작위성의 개념을 탐구하고 숫자 하나로 어떻게 우리의 이름, 주소 및 DNA 배열을 부호화하는지를 알아낼 것이다. 우리는 무한대의 타자기들을 가지고 무한대의 원숭이들이 타이핑을 할 경우 어쩌면 셰익스피어의 문학작품을 써낼 수도 있음을 밝힐 것이다.

우리는 또한 우리 모두와 관련된 환경에서 확률이론이 얼마나 필수적인지 알게 될 것이다. 우리는 어떻게 무작위 대조 실험을 이용해 약물의 효능을 시험하는지를, 그리고 왜 여론조사에서 상대적으로 적은 수의 사람들을 대상으로 실시한 설문으로 한 나라의 양태를 측정하는 것이 가능한지를 배울 것이다. 우리는 수학자들이 어떻게 유의수준과 신뢰구간을 이용해 그 결과가 내포한 피할 수 없는 불확실성을 계량화하는지 탐색해볼 것이다.

우리는 또 통계를 가지고 어떻게 장난을 칠 수 있는지, 그리고 어떻게 위험도에 대해 말하는 여러 방법을 뒤섞어 유익한 결과에 비해 바람직하지 않은 결과의 영향력을 축소하는지를 알게 될 것이다. 끝으로 우리는 범죄드라마의 기본(DNA 테스트)을 찾아내 범죄현장에서 찾은 DNA 샘플이 일치한다 하더라도 그것이 왜 합리적 의심의 여지를 넘어서는 유죄를 반드시 의미하는 것은 아닌지 배울 것이다.

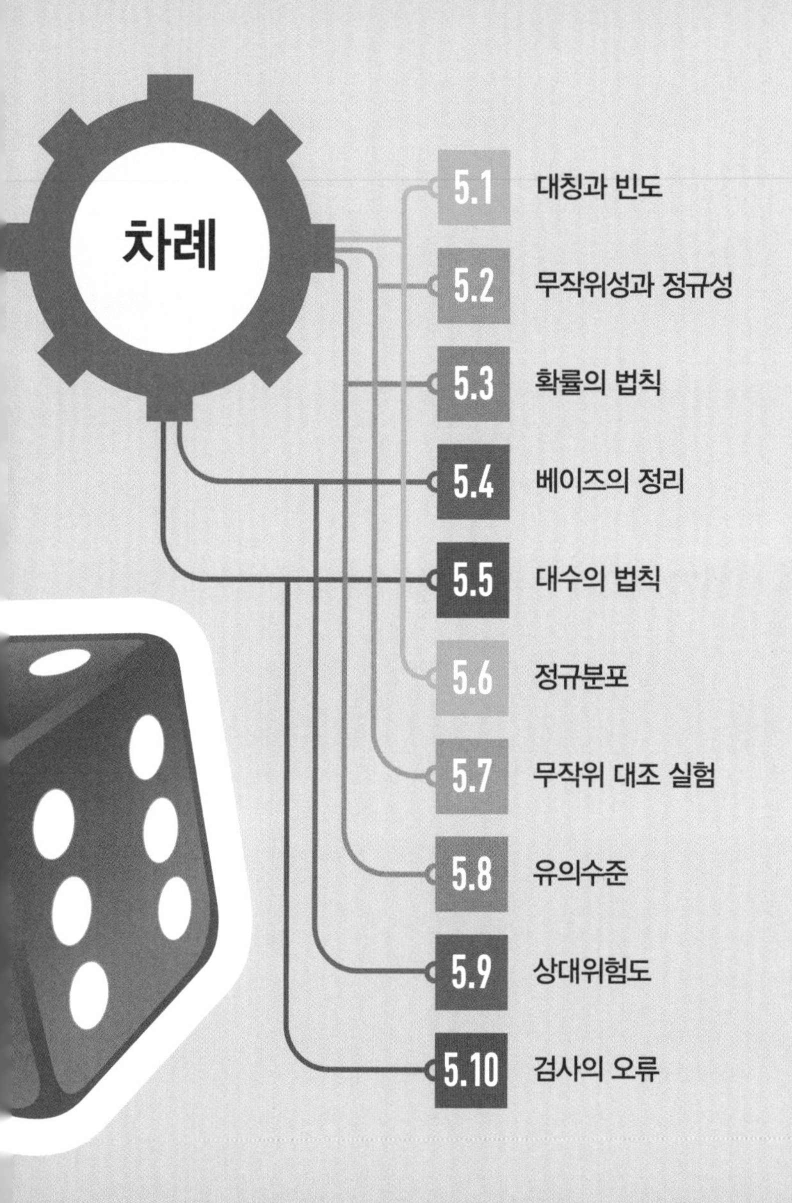

차례

5.1 대칭과 빈도

동전을 던져 앞면이 나올 확률은 절반이다. 그런데 우리는 이걸 어떻게 아는 걸까?

동전 던지기에서 앞면이 나올 확률을 정하는 방법 중 하나는 동전의 대칭성을 고려하는 것이다. 만약 완전히 대칭이라면 어느 한쪽도 다른 면보다 더 나올 수 없으므로 앞면이 나올 확률과 뒷면이 나올 확률은 동일하다. 더 나아가, 앞면과 뒷면 외에 가능한 다른 결과는 없다.

따라서 앞면이 나올 확률은 절반이며 뒷면이 나올 확률도 절반이다. 같은 이유로 결함이 전혀 없는 완벽한 주사위를 던져 여섯 개 숫자 중 어느 하나가 나올 확률은 6분의 1이다.

하지만 세상의 모든 과정이 대칭적인 것은 아니다. 이 사실은 우리를 확률을 결정하는 또 다른 방법으로 인도한다. 어떤 과정(예를 들어 동전 던지기)을 아주 많은 횟수만큼 행하여 어떤 결과가 발생하는(예를 들어 앞면) 빈도의 비율(**상대도수**라 한다)을 구해보자. 확률에 대한 **빈도주의자적** 관점에서 보면 이 비율은 결과의 참값에 가깝다. 이 아이디어는 종종 과학에서 쓰인다. 의사가 누군가에게 병에 걸릴 확률이 5%라고 말했다면, 그와 유사한 조건을 가진 사람들의 5%가 병에 걸렸기 때문이다.

13,983,816개의 결과가 있을 수 있는 복권에서 숫자를 알아맞힐 확률은 1/13,983,816이며, 이것은 약 1,400만분의 1이다.

결함이 없는 완벽한 주사위에서 여섯 개 각각의 면은 다른 면과 같은 빈도로 나올 것 같다. 따라서 굴려서 여섯 개의 숫자 중 어느 하나라도 나올 확률은 $^1/_6$이다(한 개 나누기 여섯 개와 동일한 결과가 가능).

5.2 무작위성과 정규성

우리는 무작위성이 무엇인지 직관적으로 알고 있지만, 그것을 수학적으로 정의하기는 깜짝 놀랄 정도로 어렵다.

동전 던지기 결과처럼 예측할 수 없는 것을 두고 우리는 '무작위적'이라고 말한다. 하지만 동전 던지기를 열 번 연속해 열 번 모두 앞면이 나올 가능성은 열 번 던져서 나오는 다른 모든 조합과 같다.

이 아이디어는 1909년 무작위성을 수학적으로 정의하는 첫 시도로 이어졌다. 에밀 보렐(Émile Borel, 1871~1956)은 무한한 소수전개를 가진 수에서 모든 숫자가 같은 빈도로(10회 중 1회) 나타나고, 이후 또 모든 숫자의 쌍이 같은 빈도로(100회 중 1회) 나타나며 그런 숫자의 쌍이 증가하면서 계속된다면 그 수는 **정규적**이라고 표현했다. 만약 어느 수의 각 자릿수 숫자를 열 개의 면을 가진 주사위를 던져 결정한다면, 그 수는 정규적이 될 것이다. 정규성은 무작위성을 시험하는 방법으로 사용된다. 즉 만약 어떤 수가 정규적이지 않다면 그 수 안에서 나타나는 숫자의 순서는 임의적이지 않다고 간주된다.

보렐은 대부분의 수가 정규적임을 보였으나 그 실제 예는 제공하지 못했다. 1933년 학부 학생인 챔퍼나운(D. G. Champernowne)이 드디어 첫 사례를 만들어냈다.

0.1234567891011121314151617181920212223 ...

이 수는 소수점 이하에서 자연수의 모든 숫자를 나열해 보여준다. 정규성이란 어떤 숫자의 조합에도 치우치지 않고 모든 숫자의 조합이 다 나타나는 것을 뜻한다. 따라서 위 수 안에는, 그리고 모든 정규수 안에는, 우리의 나이, 전화번호, DNA 염기서열이 숫자의 형태로 부호화되어 있다.

어느 수가 무작위적이 되려면 정규성을 가져야 한다. 하지만 모든 정규수가 무작위적인 것은 아니다.

무한 원숭이 정리

보렐은 무한 원숭이 정리를 제안했다. 무한수의 원숭이들이 각자 자기 타자기 앞에 앉아 마음대로 키보드를 친다면 언젠가는 셰익스피어의 모든 희곡작품을 완성해낼 수도 있다는 것이다.

5.3 확률의 법칙

확률은 약간 어려운 개념이지만, 수학에는 이것을 다루는 엄격한 법칙들이 있다.

수학에서 어떤 사건의 발생 확률은 항상 0(사건이 일어날 가능성이 없음)과 1(분명히 일어난다) 사이에 있다.

몇 가지 기본적인 법칙이 적용된다. 만약 두 개의 독립적인 사건 A와 B가 각각 확률 P(A)와 P(B)를 갖고 있다면 사건 A 또는 사건 B가 일어날 확률은,

P(A or B)=P(A)+P(B)이다.

사건 A와 사건 B가 둘 다 일어날 확률은,

P(A and B)=P(A)×P(B)이다.

따라서 만약 A가 주사위를 던져 2가 나오는 사건이고 B는 3이 나오는 것이라면, 주사위를 던져 2 또는 3이 나올 확률은,

P(2 or 3)=P(2)+P(3)=1/6+1/6=1/3이다.

주사위를 두 번 던져 2와 3이 나올 확률은,

P(2 and 3)=1/6×1/6=1/36이다.

위 두 가지 공식은 모두 타당하다. 2와 3은 주사위를 한 번 굴렸을 때 나올 수 있는 모든 결과(1에서 6)들의 집합 중 3분의 1을 구성하므로 둘 중 하나가 나올 확률은 1/3이 되어야 한다(5.1 참조). 거기에 두 번을 굴리면 6×6=36개의 결과가 나올 수 있다. 2와 3을 굴리는 것은 그 결과들 중 한 개이므로 P(2 and 3)은 1/36이 되어야 한다.

어떤 과정에서 비롯되는 상호 독립적인 결과들의 확률의 합은 항상 1이다.

두 개의 주사위를 동시에 굴렸을 때의 확률

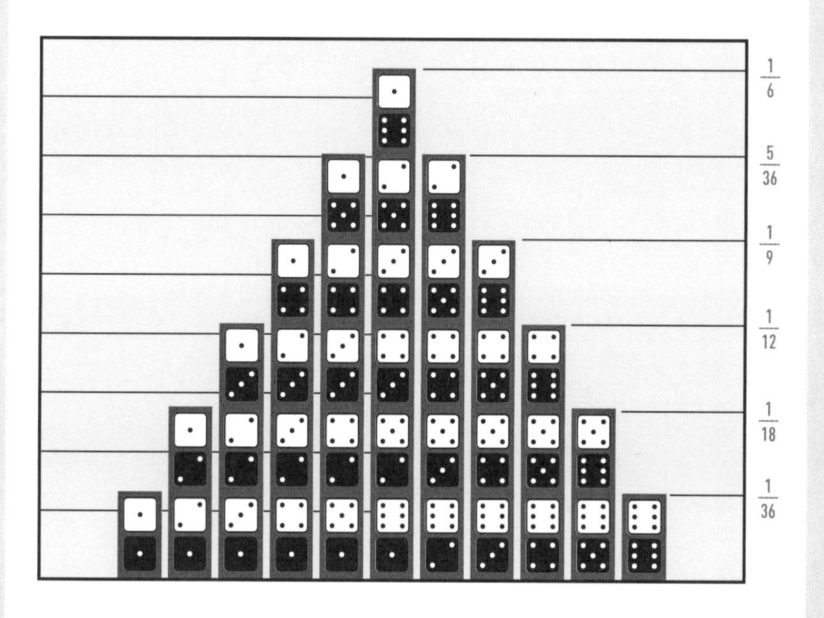

$$2\times\frac{1}{36}+2\times\frac{1}{18}+2\times\frac{1}{12}+2\times\frac{1}{9}+2\times\frac{5}{36}+\frac{1}{6}=1$$

주사위 피라미드는 두 개의 주사위를 던졌을 때의 확률을 나타낸다. 예를 들어 두 개 모두 1이나 6이 나올 경우는 36번 중 한 번이고, 하나는 5 다른 하나는 6이 나올 경우는 열여덟 번 중 한 번이다. 위 그림에서 나타난 각기 다른 결과의 확률을 모두 합하면 1이 된다.

5.4 베이즈의 정리

증거를 무시하는 건 어리석은 일이다. 고맙게도 베이즈의 정리는 새로운 증거가 유효할 때 기존의 생각을 바로잡아준다.

어느 특정한 형태의 질병에 주민의 1%가 감염되었다. 그 병에 대한 검사가 실시되었지만 그 결과가 완벽하지는 않다. 즉 질병을 가진 사람의 90%에서 검사 결과가 '양성'으로 나왔지만, 질병이 없는 사람 중 5%에서도 '양성' 반응이 나온 것이다. 만약 우리의 검사 결과가 양성이라면 과연 우리가 질병에 걸렸을 확률은 얼마일까? 대다수가 90%라고 말하겠지만, 사실 15%에 가깝다.

조건부 확률이란 다른 사건 B가 이미 일어났을 때 하나의 사건 A가 일어날 확률로, P(A|B)로 표기하며 **베이즈의 정리**는 다음과 같다.

P(A|B)=P(A)×P(B|A)/P(B)

이 공식은 조건부 확률로 계산할 수 있게 해준다. 양성의 검사 결과를 받는다는 새로운 증거 B가 주어졌을 경우 A 사건의 확률에 대한 기존의 생각을 바꿔주는 것이다. P(질병|양성).

검사를 하기 전 질병에 걸렸을 확률은 P(질병)=0.01이다. 우리는 P(양성)를 0.0585로 계산할 수 있다(검사 결과가 양성인 사람들 중 진짜 환자의 비율(0.01×0.9=0.009)과 검사 오류로 인해 양성으로 나왔지만 질병에 걸리지 않은 사람의 비율(0.99×0.05=0.0495)의 합). 우리는 또한 P(양성|질병)=0.9임을 알고 있다. 이를 이용하면 베이즈의 정리를 써서 다음 결과를 얻는다.

P(질병|양성)=P(질병)×P(양성|질병)/P(양성)

=0.01×0.9/0.0585=0.154.

'베이즈의 정리'는 영국의 토머스 베이즈(Thomas Bayes, 1701~1761)의 이름을 따라 명명되었다. 그는 통계학자이자 장로교회 목사였다.

베이즈의 정리

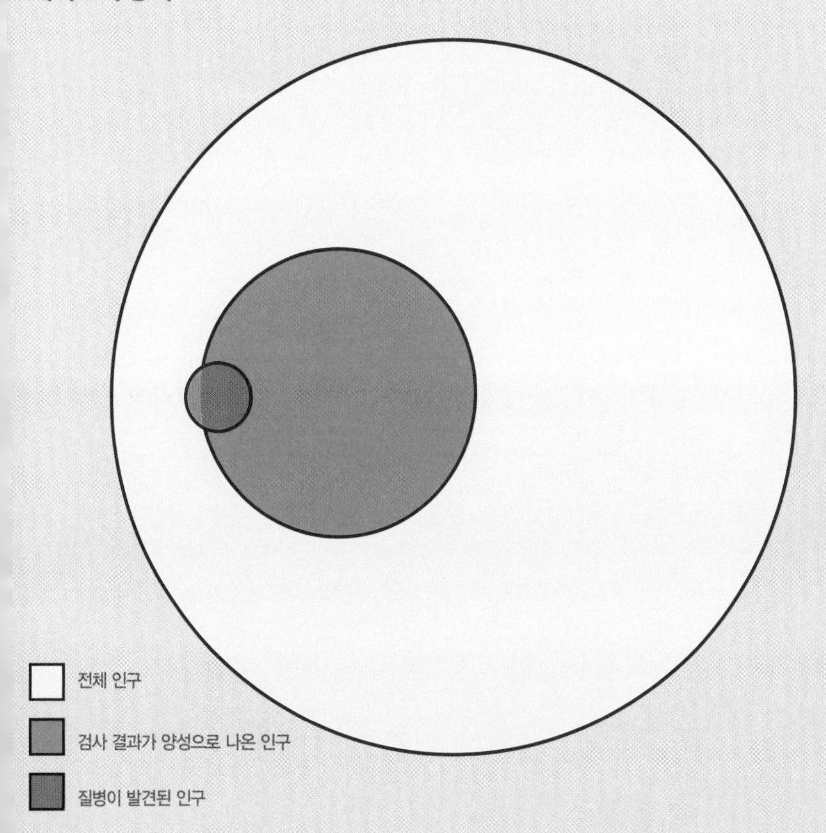

녹색 원과 오렌지색 원의 교집합 부분은 검사 결과가 양성으로 나온 인구 중 실제로 질병이 있는 사람들을 나타낸다.

5.5 대수의 법칙

대수의 법칙은 우리가 이미 직관적으로 알고 있으나, 종종 잘못 이해된다.

대수(大數)의 법칙이란 어떤 과정이 큰 횟수로 반복되면 그 결과가 그 사건의 잠재적 확률을 나타낸다는 것을 말한다. 예를 들어 동전 두 개를 여러 번 던질 경우 앞면이 나오는 비율은 절반 정도이며, 이것은 동전을 한 번 던졌을 때 앞면이 나올 확률이 절반임을 나타낸다.

이 법칙은 종종 이런 식으로 잘못 이해되기도 한다. 즉 동전을 99회 던졌는데 모두 앞면이 나올 경우 대수의 법칙을 적용한다면 100회째에는 뒷면이 나올 가능성이 매우 크지 않을까? 어쨌든 대수의 법칙에 따르면 뒷면이 나올 확률이 절반에 가까워야 하니까.

답은 '아니요'다. 100회째의 동전 던지기에서도 뒷면이 나올 가능성은 여전히 절반이다. 대수의 법칙은 동전을 던지는 횟수가 무한히 커질 때 앞면이 나오는 비율은 0.5에 수렴한다는 의미다(4.2 참조). 이것은 100만 회, 10억 회 혹은 1조 회 동전 던지기를 해서 앞면이 나올 비율을 계산해보면 0.5 근처 어딘가가 될 가능성을 인정하는 것이다. 100회째 동전 던지기에서 반드시 0.5에 가까워야 하는 것은 아니다.

무한대로 이어진 길은 아주 길지만, 주의하지 않으면 금전적 손실로 이어진 매우 짧은 길로 들어서게 될 수도 있다.

동전 던지기에서 다음번에 나올 면을 결정할 때 대수의 법칙에 의존하지 말라.

앞면이 나올까 뒷면이 나올까?

동전을 던질 때 앞면이 나올 가능성은 뒷면이 나올 가능성과 언제나 같다.

5.6 정규분포

통계의 핵심 아이디어는 작은 표본으로 전체 구성원에 대해 말할 수 있다는 것이다. 하지만 실제로 그런지 어떻게 알까?

임의의 표본이 된 사람들 30인의 평균 키를 계산해보니 75cm였다면? 뭔가 이상한 일이 생긴 것임을 알 수 있다. 아무래도 표본에 키가 아주 작은 사람들이 많이 포함된 모양이다. 전체 인구를 조사하는 연구 이외의 모든 경우, 그런 일반적이지 않은 결과가 발생할 수 있다는 점을 어떻게 처리할 것인가?

답은 기적에 가까운 사실로부터 나온다. 여러 그룹으로부터 각각 임의로 30인의 표본을 택해 각 평균의 발생횟수를 빈도 그래프에 나타낸다고 가정해보자. 그러면 키나 입학 순서 또는 수입 등 무엇을 표본화하더라도, 그 그래프는 종(鐘) 모양을 띨 것이다. 각 표본에 포함되는 사람 수가 많아질수록 종 모양에 더 가까워진다. 가장 빈번하게 관찰되는 평균치인 종의 정점은 찾고자 하는 전체 구성원의 실제 평균치다.

많은 표본의 평균이 이런 방식으로 분포된다는 사실은 통계학자들로 하여금 어느 한 표본, 예컨대 한 개의 여론조사 표본이나 한 개의 키 표본 평균이 구하고자 하는 진짜 평균값에서 얼마나 멀리 있는지를 계산하게 함으로써 추정의 신뢰도를 평가하도록 했다.

종 모양 곡선은 정규 분포의 예인데, 놀랍게도 이것은 중심극한정리(central limit theorem)* 다.

* 전체 집단에서 추출된 표본크기 n이 증가함에 따라 표본평균의 표본분포는 정규분포와 유사해진다는 것.

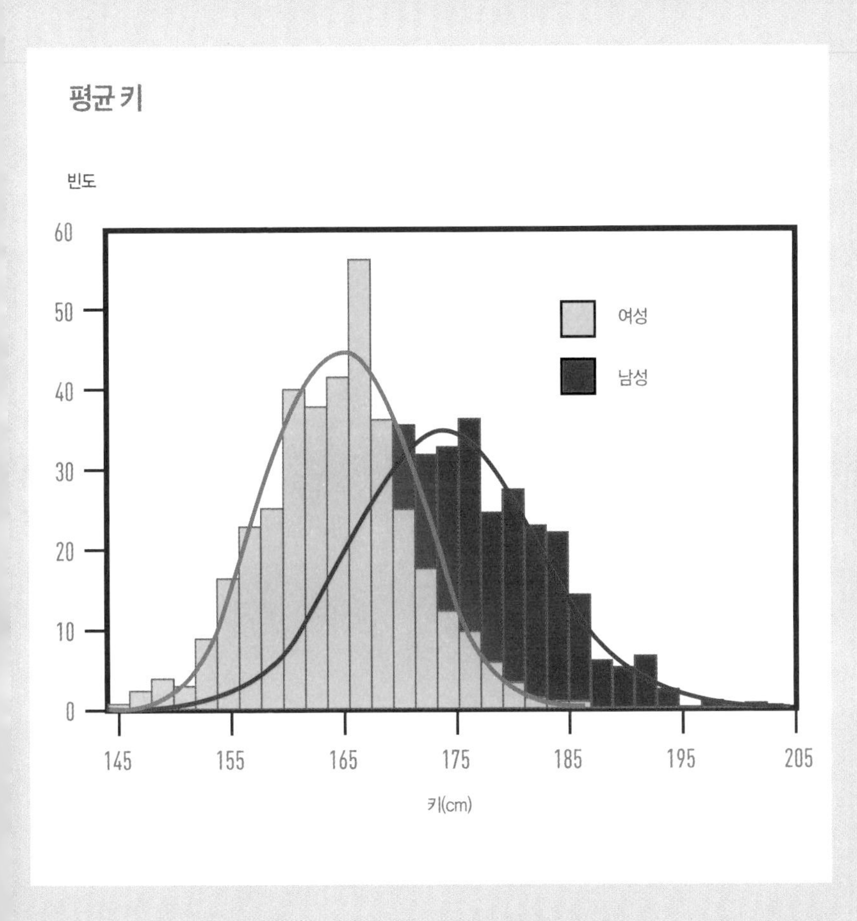

평균 키에 대한 빈도 그래프는 정규분포에 가깝다. 우리가 살면서 발견하게 되는 갖가지 수치는 우리가 볼 수 없는 어떤 상태의 평균이며, 따라서 종종 정규분포를 나타낸다.

5.7 무작위 대조 실험

의학적 치료가 효과적인지 어떻게 판단할까?

역사적으로 의사들은 어떤 의학적 치료가 좋은지를 개인적 경험 및 시행착오를 거치며 알아냈다. 하지만 환자가 의사의 치료로 인해 호전(또는 악화)되었는지 아니면 그가 모르는 다른 요인 때문에 그렇게 되었는지를 구별할 수 없기 때문에 이는 신뢰할 수 없는 방법이다. 그래서 19세기 과학자들은 사람들을 두 개 집단으로 구분해 의료시험을 실시했는데, 한 집단은 새로운 치료법을 적용하는 **시험군**(study group)이었고 다른 한 집단은 위약치료(플라시보)나 새로운 치료법과 비교되고 있는 기존의 치료법을 적용한 **대조군**(control group)이었다.

하지만 사람들은 보고 싶은 것을 보려는 경향이 있다. 이런 이유로 1917년 **맹검**(blinding) 개념이 도입되었다. 즉 의료시험에 참가한 사람들은 환자가 대조군에 있는지 시험군에 있는지 모른 채 시험을 실시해야 했다. 덕분에 환자의 소속집단 정보가 (의도적이든 그렇지 않든) 시험 결과를 방해할 수 없게 되었다.

하지만 결과에 영향을 줄 수 있는 방법이 아직 남아 있다. 상태가 덜 나쁜 환자에게 새로운 치료법을 우선 적용함으로써 더 좋은 결과를 얻도록 하는 것이다. 그래서 1940년대에 백일해 백신의 임상시험은 최초로 **무작위 대조 실험**으로 이루어졌다. 즉 이 임상시험에서 환자들은 시험군과 대조군에 무작위로 배분되었다.

무작위 대조 실험은 오늘날 새로운 의학적 치료법을 평가하는 데 보편적으로 이용된다.

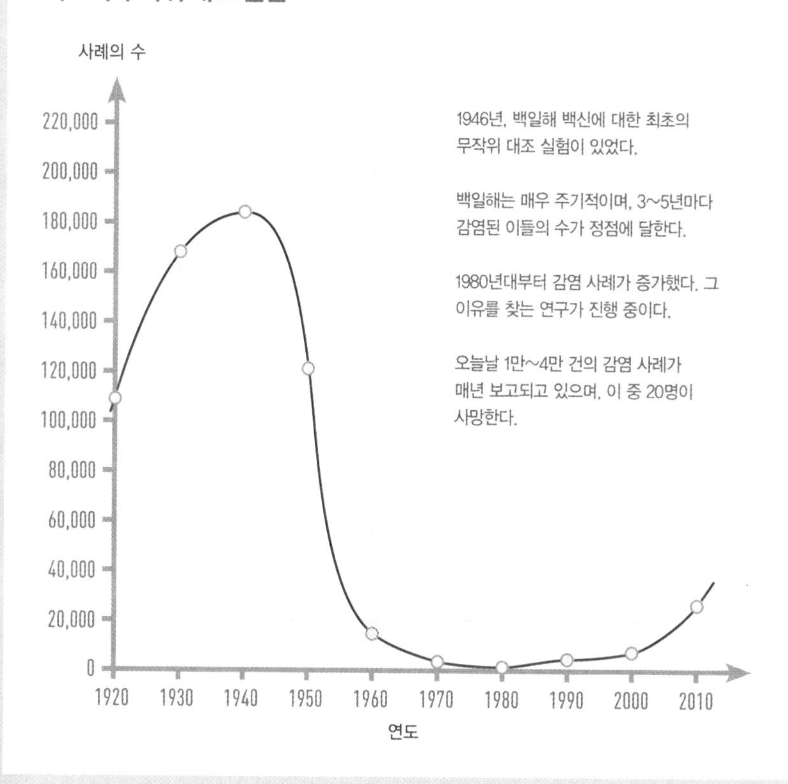

위 그래프는 1920년 이후 백일해의 사례를 나타낸다. 1940년대에 백신이 나오기 전에는 미국에서 매년 약 20만 명의 어린이가 감염되었으며 이 중 9,000명이 사망했다.

5.8 유의수준

과학자들이 결과를 발표할 때 종종 *p*값과 유의수준에 대해 말한다. 이것들은 무엇을 의미할까?

어떤 신약이 무작위 대조 실험(5.7 참조) 결과 혈압을 평균 20mmHg(혈압의 표준단위) 낮추는 것으로 나왔다고 가정하자. 그런데 혈압의 감소가 정말로, 우리가 모르는 어떤 다른 이유가 아니라 바로 그 신약 때문인지 어떻게 확신할 수 있을까?

약이 효과적일 확률은 구할 수 없지만, 그 약이 효과적이지 않다고 가정해 이미 관찰된 감소량(20mmHg 감소)만큼의 혈압 차이를 보게 될 확률은 구할 수 있다. 이것은 흔히 ***p*값**(*p*-value)으로 알려져 있다. 만약 *p*값이 작으면 그 약은 명백히 효과적일 것이라고 믿을 만한 충분한 이유가 된다.

그렇다면 얼마나 작아야 하는 걸까? 통상 의학적 연구에서는 유의한 결과를 나타내려면 *p*값이 5%보다 작아야 한다. 이 5%라는 기준을 가리켜 '**유의수준**(significance levels) '이라 하며, 보통 **α**로 표기된다(그리스 문자, 알파). 그 약이 효과적이지 않고 혈압 감소가 순전히 운이라고 가정할 때 혈압 감소 결과(20mmHg 감소)를 볼 수 있는 확률이 α보다 작다면 그 시험은 "α 수준에서 유의하다"라고 말한다.

이와 연결된 개념으로 '신뢰구간'이라는 것이 있다. 예를 들어 만약 실제 값(실제 혈압 감소치)이 15와 25 사이라는 것을 95% 확신한다면 그 15에서 25 사이의 구간을 95% 신뢰구간이라 한다.

95% 신뢰구간은 5% 유의수준과 연관된다.

의약 시험

이 그래프는 만약 약이 효과적이지 않다면 시험 결과가 x와 같을 확률을 측정한 분포도다. 결과가 붉은색 면에 해당할 확률은 5%다.

백신 같은 의약품을 시험할 때 그 결과가 우연에 영향받을 가능성을 배제할 필요가 있다.

5.9 상대위험도

베이컨 샌드위치를 내려놓으라. 베이컨은 대장암에 걸릴 확률을 20% 증가시킨다! 하지만 베이컨 샌드위치야말로 그런 책임을 지울 정도로 당신이 가장 좋아하는 아침식사 아닌가?

세계암연구재단(World Cancer Research Fund)의 한 보고서는, 여러 요인 중에서도, 매일 50g의 가공육을 섭취하면(베이컨 샌드위치 한 개와 동일) 대장암에 걸릴 확률이 20% 증가한다고 말한다.

만약 이것이 경종을 울리는 이야기로 들린다면 그것은 위 내용이 **상대위험도**(relative risk), 즉 **절대위험도**(absolute risk: 인구 전체에서 그 병에 걸릴 것으로 예상되는 사람의 비율)에 비해 당신의 위험도가 상대적으로 더 높은 정도를 나타내는 용어로 전달되었기 때문이다.

전체 인구의 약 5%가 대장암에 걸린다고 하자. 따라서 매일 베이컨 샌드위치를 먹으면 상대위험도가 20% 높아진다는 말은(5보다 20%가 크면 6이 되므로) 절대위험도가 5%에서 6%로 증가한다는 의미다. 절대위험도 1% 증가는 중요한 고려사항이지만 상대위험도 20% 증가보다 놀랄 만한 이야기 같지는 않다.

상대위험도는 절대위험도보다 더 위험하게 여겨진다. 그러므로 어떤 시험의 결과를 나타낼 때 상대위험도 또는 절대위험도를 선택적으로 사용할 수 있다. 예를 들면, 신약의 긍정적 결과를 원한다면 그 효과의 상대위험도를 보고하겠지만, 만족스럽지 못한 부작용에 관해서는 절대위험도를 써서 보고할 것이다. 이러한 방법을 쓰면 신약의 효과는 부작용을 보충하고도 남음이 있는 것처럼 보인다. 이것을 **부적절한 끼워 맞추기**(mismatched framing)라고 한다.

중요한 의학 저널에 발표된 연구의 3분의 1에서 부적절한 끼워 맞추기 관행이 관찰되었다.

증가하는 위험성

매일 50g의 베이컨을 섭취하면 대장암에 걸릴 확률이 20% 증가한다고 알려졌다. 이것은 놀랄 만한 이야기다. 그렇다면 실제로는 얼마나 걱정해야 할까?

5.10 검사의 오류

한 여성의 DNA가 범죄 현장에서 발견된 DNA와 일치한다. DNA가 일치할 확률은 200만분의 1이다. 따라서 그 여성은 유죄다. 맞는 이야기일까?

틀렸다. 하지만 이것은 **검사의 오류**라고 알려진 범하기 쉬운 일반적 실수다. 이런 생각은 그 여성이 결백할 확률 200만분의 1을 놓치고 있다. 그 여인의 유죄를 적절히 평가하려면 그녀의 DNA와 샘플이 일치한다는 점을 이미 주어진 것으로 받아들여야 하며, 일치한다는 사실이 DNA 증거가 나오기 전보다 그녀의 유죄 가능성을 얼마나 높이는가를 살펴볼 필요가 있다.

여기서, 도박자의 착각(gambler's odds) 관점으로 나타난, 베이즈의 정리(5.4 참조)가 유용하게 적용된다. 위의 일치 확률은 그녀가 유죄라면 그녀의 DNA가 샘플과 일치할 가능성이 그녀가 결백할 때보다 200만 배 크다는 것을 내포한다. 베이즈의 정리를 적용하면 다음과 같이 나온다.

DNA 검사 후 유죄일 가능성=2,000,000×DNA 검사 전 유죄일 가능성.

만약 그녀가 인구 50만 명의 도시에서 왔고, 그들 각자가 그 범죄를 저질렀을 가능성이 동일하다고 생각한다면 DNA 검사 전 그녀가 유죄일 확률은 50만분의 1이다. 따라서,

DNA 검사 후 유죄일 가능성=2,000,000×1/500,000=4이다.

이를 확률로 바꿔 말하면 유죄일 확률이 80%라는 것이다. 이 증거는 명백히 합리적 의심 정도의 범주를 벗어나지 않는다!

검사의 오류가 잘못된 유죄판결로 이어진 사례가 다수 있다.

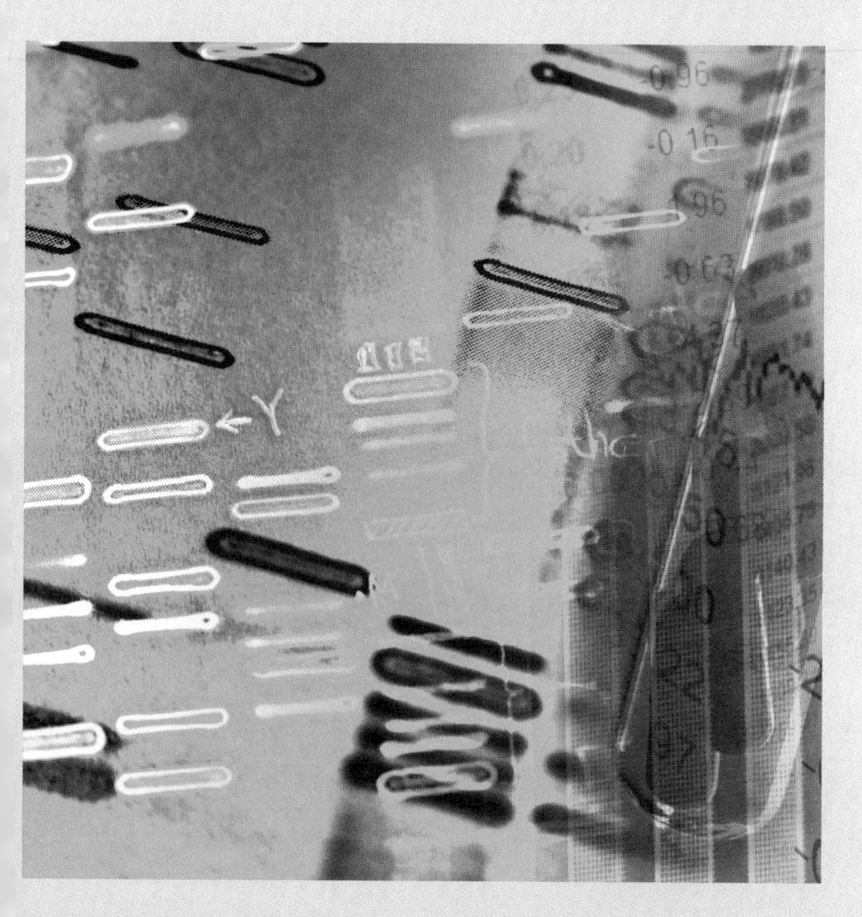

DNA 지문감식. 피의자를 의심할 만한 증거가 주어졌을 때 만약 피의자가 결백하다면 그 증거가 피의자의 유죄를 증명해줄 확률이 피의자가 실제로 결백할 확률과 똑같지는 않다.

곡선

알베르트 아인슈타인(Albert Einstein, 1879~1955)은 1915년 우주에 대한 우리의 사고방식을 바꿔놓았다. 그는 중력이 시공의 곡률(curvature of spacetime)임을 깨달았다. 또한 곡선은 가장 아름다운(그리고 강력한) 수학 도해를 제공한다. 곡선의 갖가지 형태는 자신들을 정의하는 방정식의 특성을 드러내며, 몇몇 가장 복잡한 수학적 개체를 탐구하는 데 도구를 제공한다.

아인슈타인이 우주의 작용을 밝히기 위해 곡률을 사용한 최초의 인물은 아니다. 17세기에 요하네스 케플러(Johannes Kepler)가 행성 궤도의 모양을 '타원'으로 제시한 바 있다. 사실 타원 그 자체는 고대 그리스의 원뿔곡선 기하학에서 처음 연구되었다. 원뿔곡선은 정점이 맞닿은 채로 균형을 잡고 있는 두 개의 원뿔을 평면으로 잘랐을 때 만들어지는 곡선으로 원, 타원, 포물선과 쌍곡선이 생긴다. 17세기의 또 다른 유명한 곡선은 현수선(catenary)인데 이것으로 로버트 후크(Robert Hook)는 완벽하게 효율적인 자립형 아치의 모양을 이해했다.

곡선은 복잡한 곡선이나 복잡한 곡면의 곡률을 연구할 수 있게 해준다. 곡률을 이해하는 첫걸음은 모든 곡선은 접선을 갖는다는 것이다. 곡선은 또한 멋지게 이름붙은 접촉원(osculating circles) 또는 키스하는 원(kissing circle)과 접할 수 있다. 이 두 개념 모두 표면곡률을 계산하는 데 이용된다.

둥그런 철선을 비눗물에 담궜다 들어올렸을 때 철선 밑으로 늘어져 생기는 비누막과 같은 극소곡면(minimal surfaces)은 그 곡률로 특징이 나타난다. 건축가들은 이 분야의 연구 성과를 그 아름다운 형태와 함께 자재를 효율적으로 쓰는 데 활용한다.

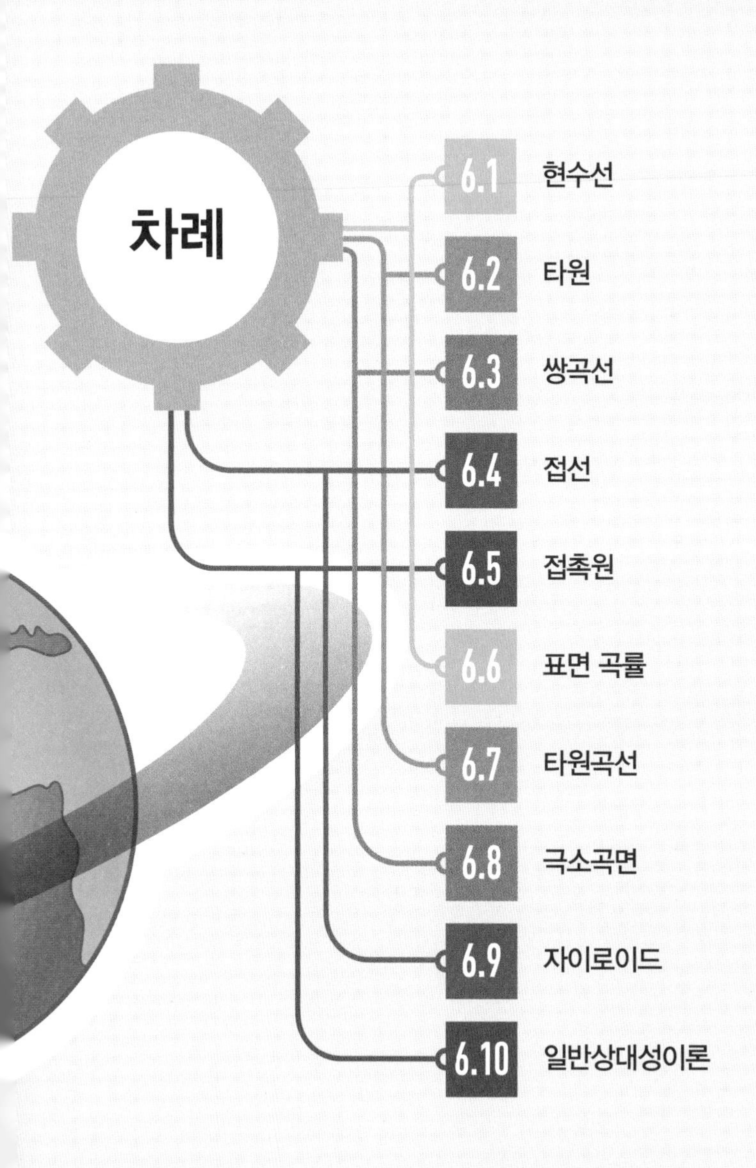

차례

6.1 현수선

런던에 있는 웸블리 스타디움과 성 바울 성당의 공통점은 무엇일까?

두 개의 고리에 사슬을 걸어 그 사슬의 무게로 자연스럽게 매달리게 했을 때 그것이 나타내는 곡선을 **현수선**이라 부른다. 모든 매달린 사슬은 이런 균형적인 모양을 띠며, 사슬을 건 고리로부터 오는 장력과 아래로 잡아당기는 중력 역시 완벽한 균형을 이룬다.

현수선을 위아래로 뒤집으면 멋진 일이 생긴다. 뒤집어진 모양은 이제 아치를 나타낸다. 실제로는 아치가 가질 수 있는 가장 안정적인 모양을 보여준다. 매달린 사슬에서는 곡선 형태의 선을 따라 장력이 작용한다. 뒤집어진 현수선에서는 장력이 압력이 되고 이 힘도 아치의 선을 따라 작용하기 때문에 모양이 휘거나 무너지지 않는다. 그러므로 아치를 건설하려는 모든 사람은 그것이 뒤집어진 현수선의 모습을 하고 있는지를 꼭 확인해봐야 한다. 만약 그렇다면 아치는 그 자체의 무게로 우뚝 서 있을 것이다. 또한 아치를 건설할 때 재료를 최소량만 사용할 수 있다.

영국의 건축가 로버트 후크(Robert Hooke, 1635~1703)는 최초로 현수선을 수학적으로 연구한 사람이다. 하지만 현수선에 대한 자신의 연구와 주장을 증명해줄 수식을 찾지 못한 후크는 1675년 철자를 바꿔 쓰는 글자 수수께끼(anagram)를 라틴어로 발표했다. "ut pendet continuum flexile, sic stabit contiguum rigidum inversum." 즉 유연한 줄이 매달려 있지만 그 형태를 뒤집으면 견고한 아치도 지탱할 수 있을 것(as hangs the flexible line, so but inverted will stand the rigid arch)이라는 뜻이다.

세계에서 가장 큰 아치인 미국 세인트루이스의 게이트웨이 아치(Gateway Arch)는 뒤집어진 현수선 형태에 기초한 것이다.

런던 성 바울 성당의 돔

성 바울 성당에는 세 개의 돔이 있다. 외부 돔과 내부 돔은 시각적 효과를 위해, 그리고 감춰진 중간 돔은 내구성을 위한 것이다. 건축가 크리스토퍼 렌경(Sir Christopher Wren)은 중간 돔의 형태를 뒤집어진 현수선을 바탕으로 구상했다.

6.2 타원

원은 곡선(타원)의 또 다른 특별 사례(special case)다.

연필과 목걸이처럼 고리가 달린 끈만 있으면 얼마든지 원을 그릴 수 있다. 끈의 고리 한쪽 끝에 연필을 놓고 다른 한쪽 끝은 원의 중심이 되는 지점인 초점에 잘 고정시킨다. 끈을 팽팽히 당기면서 그 중심을 한 바퀴 돌면서 연필을 움직이면 원이 생길 것이다.

이것으로 **타원**도 그릴 수 있다. 이번에는 끈을 세 개의 지점으로 당긴다. 즉 연필이 있는 곳과 두 개의 초점이 필요하다. 팽팽히 당겨진 끈이 삼각형을 형성하는데 그중 두 **초점**을 고정시키고 끈을 연필로 팽팽히 당기면서 연필을 움직이면 타원이 그려진다. 세 개의 지점으로 당겨져 끈에 의해 생기는 삼각형에서 한 변, 즉 두 초점 사이는 항상 같은 길이를 유지한다. 나머지 두변, 즉 연필이 움직이면서 그려지는 타원 위의 어느 점에서 두 초점에 이르는 직선의 길이의 합은 항상 같다. 끈으로 된 고리와 연필을 가지고 엄지와 검지를 초점 삼아 이러한 타원을 만들어볼 수 있다.

원은 단지 좀 특별한 타원으로서, 두 개의 초점이 하나로 합쳐져 그려진 형태다. 만약 두 초점 사이가 더 벌어지면 타원은 늘어난다. 이렇게 늘어나는 것은 타원의 **이심률**(eccentricity; 두 초점 사이의 거리를 타원의 너비로 나눈 비율)로 측정된다.

원뿔형 교통표지물을 비스듬히 잘랐을 때 그 횡단면은 타원이다(139쪽 참조).

케플러의 법칙

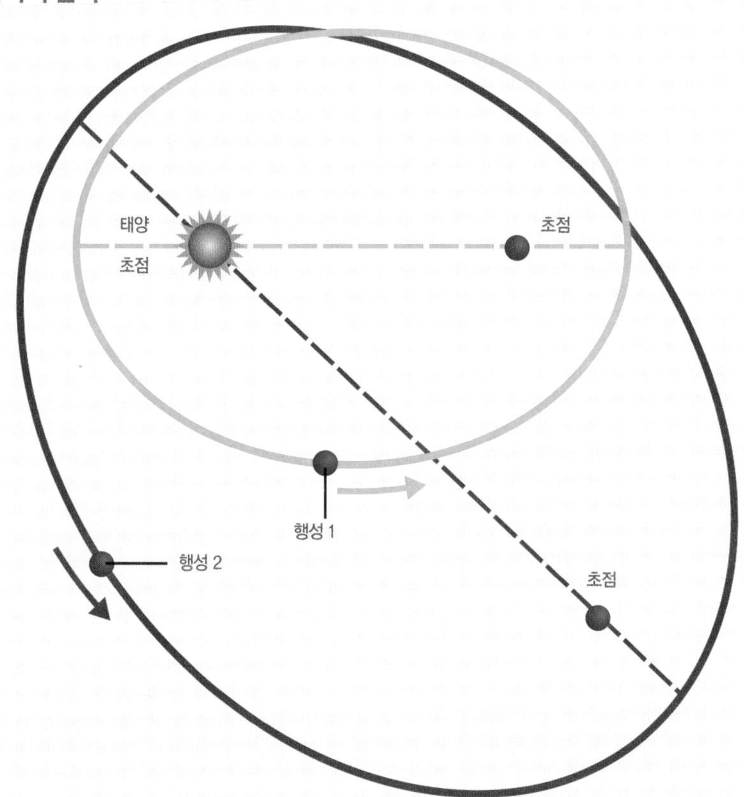

17세기에 요하네스 케플러는 행성의 움직임을 설명하는 세 개의 법칙을 발견했다. 첫 번째 법칙은 각 행성의 궤도는 두 개의 초점을 갖는 타원이며, 각 궤도 모두 태양을 두 개의 초점 중 하나로 한다는 것이다. 이 그림에서 점선은 각 타원의 축이 각각의 초점을 어떻게 통과하는지를 보여준다.

6.3 쌍곡선

이 곡선은 수천 년간 연구된 중요한 곡선 중 하나다.

회중전등을 마룻바닥 위로 비춘다고 할 때 정면으로 비추면 광추(光錐)*가 바닥과 닿는 면에 빛으로 된 원형 풀(circular pool)이 생긴다. 전등의 각도를 비틀면 원은 타원으로 늘어진다. 바닥에 비친 불빛의 모양이 좀 더 길쭉한 타원이 되도록 늘리면서 전등을 더 비틀어 보자. 바닥에 비친 빛의 모둠이 **포물선**(3.3 참조) 형태가 될 것이다. 그리고 전등 불빛을 좀 더 비틀면 **쌍곡선** 모양이 될 것이다.

이런 모양, 즉 원과 타원, 포물선과 쌍곡선은 기원전 300년경부터 수학적으로 연구되었다. 이들을 통틀어 **원뿔곡선**이라 부르는데, 정점이 맞닿은 채로 있는 두 개의 원뿔을 잘라놓은 것(139쪽 참조)을 말한다. 수평으로 자르면 원이 나타나고, 비스듬히 자르면 타원이 나타나며, 수직으로 자르면 쌍곡선이 생긴다.

쌍곡선은 두 개의 가지(arms)를 갖고 있는데 하나가 다른 하나와 정확히 좌우대칭이다. 이 가지들은 **점근선**(asymptotes)이라 부르는 두 개의 교차하는 직선 안쪽에 있다. 가지가 쌍곡선의 중심에서 멀어질수록 이들 직선에 근접하지만 만나지는 않는다.

당신은 아마도 함수 $y=1/x$ 의 그래프에서 이미 쌍곡선을 보았을 것이다.

* 광원(光源)으로부터 어떤 면 위로 모이는 빛의 다발.

원뿔곡선

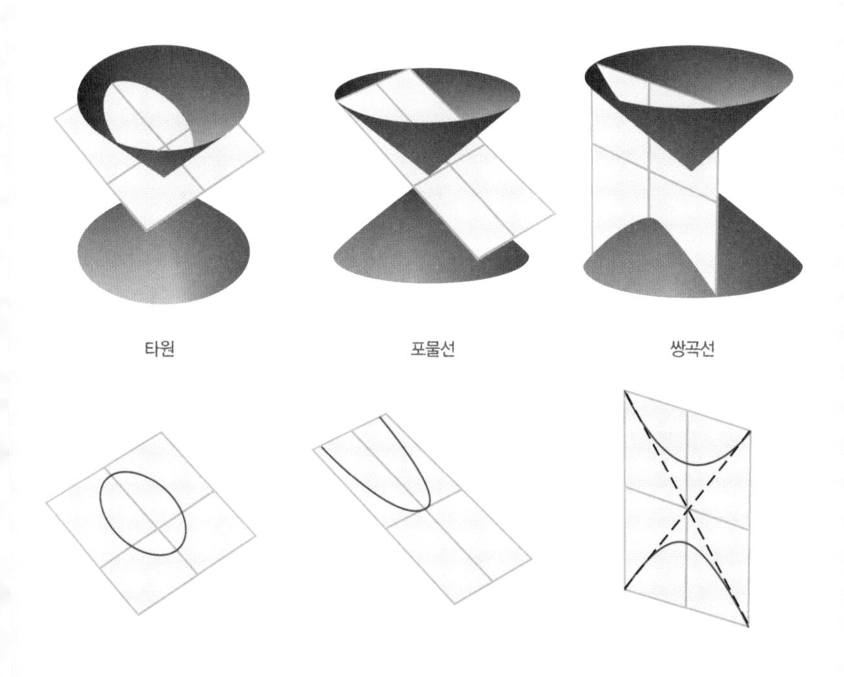

세 가지 형태의 원뿔곡선 곧 타원(원이라는 특별 사례를 포함)과 포물선과 쌍곡선이다. 쌍곡선은 검은색 점선으로 표시된 두 점근선 안에 있다.

6.4 접선

평면의 종이 위에 그려진 곡선의 어느 지점이든 확대해서 보면 직선같이 보인다.

직선이 어느 한 곡선과 한 점에서 접할 때 그 점에서 직선은 곡선에 대해 **접선**(tangent)이라고 한다. 만약 곡선이 부드러우면 그 곡선은 모든 점에서 접선을 가질 것이다. 그리고 절대값 함수와 같이 날카로운 모서리를 가진 곡선은 모서리를 제외한 대부분의 점에서 접선을 갖는다. 접선이 존재하려면 한 점에서 다른 점에 이르는 각도가 부드럽게 달라져야 한다. 반면 절대값 함수의 모서리에서는 접선의 방향이 급격히 꺾인다(141쪽 참조).

임의의 곡면도 접선과 접평면(tangent plane)을 가질 수 있다. 여기에도 같은 규칙이 적용된다. 즉 부드러운 곡면은 모든 점에서 정의된 접선과 접평면을 갖는다. 그러려면 비틀림이나 주름이 없어야 한다.

곡선이나 곡면의 곡률은 평평함과 차이가 얼마나 있는가로 측정된다. 다시 말해 곡선에서는 곡선의 어떤 점에서든 그 접선에 얼마나 잘 가까워질 수 있느냐, 곡면에서는 곡면의 어떤 점에서든 그 접평면에 얼마나 잘 가까워질 수 있느냐를 의미한다. 만약 어떤 곡선이 어느 한 점을 기준으로 볼 때 그 접선과 매우 비슷하다면, 즉 포물선에서 매우 큰 양(陽) 또는 음(陰)의 값을 갖는 점이라면, 곡률은 0(직선의 곡률)에 매우 가깝다. 하지만 곡선이 그 접선과 매우 다르다면, 즉 포물선의 전환점에서 곡률은 더 큰 양 또는 음의 값을 가질 것이다.

(어느 곡선에 대한) 접선이나 (어느 곡면에 대한) 접평면에 수직인 선을 법선(normal line)이라 한다.

접선과 곡률

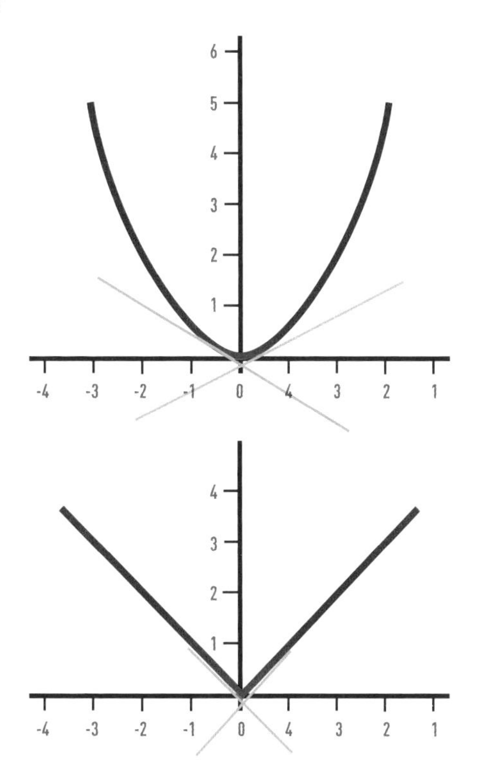

곡률은 곡선을 따라 일정한 속도로 움직일 때 접선의 방향이 변하는 비율이다(접선 각도의 변화율). 절댓값 함수의 접선은 (아래 그래프를 보면) 모서리 전후에서는 변화가 없지만 모서리에서는 순간적 변화를 일으키는데, 곡률값을 허용하지 않는다.

6.5 접촉원

곡선은 평평한 선과는 아주 다르다. 그 차이를 결정하는 것이 바로 곡률이 된다. 그런데 이 곡률은 어떻게 측정될까?

접선은 곡선의 특정한 점에 아주 가까이 접하는 직선이다. 곡선의 한 점에 접하는 또 다른 방법은 원의 형태로 접근하는 것이다. 곡선의 한 점에서의 **접촉원**이란 그 점에서 곡선에 가장 가깝게 접하는 원을 가리킨다. 그 점에서 곡률의 크기는 $1/R$이며, R은 그 접촉원의 반지름이다.

만약 곡선이 상대적으로 평평하다면, 즉 곡선 x^2에 대해 x 값이 매우 큰 양수 또는 음수라면, 접촉원은 매우 큰 반지름을 가질 것이며 곡률 $1/R$은 0에 가까워질 것이다. 만약 곡선이 포물선의 꼭지점에서와 같이 매우 급하게 휘어진다면, 그 접촉원의 반지름은 매우 작아져 그 곡률이 0으로부터 훨씬 멀어질 것이다.

곡률은 접촉원이 곡선의 어느 쪽에 있느냐에 따라 음수 또는 양수가 된다. 곡선의 전체적 곡률은 곡선을 따라 일정한 속도로 움직일 때 곡률의 변화율을 봄으로써 측정할 수 있다. 예를 들어 원은 상수의 곡률을 가진다. 다시 말해 원을 따라 움직이는 모든 점에서 접촉원은 변함없이 그 자신이다.

접촉원은 원이 어느 점에선가 곡선에 닿아 있기 때문에, 다시 말해 키스하고 있기 때문에 '키스하는 원(kissing circle)'이라고 표현된다.

사인곡선에 대한 접촉원

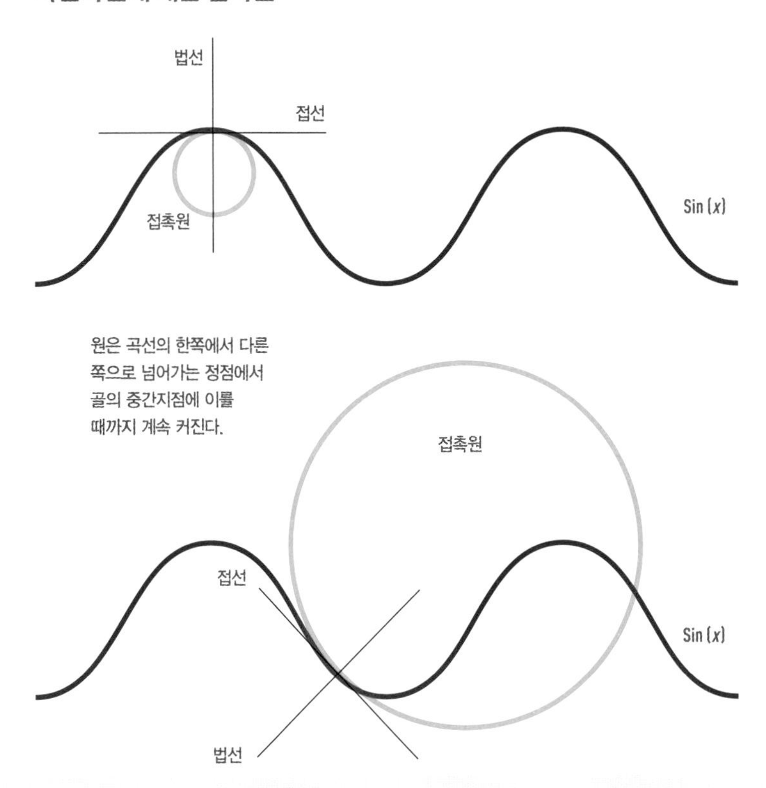

사인곡선의 접촉원은 곡선을 따라 움직이면서 커지기도 하고 줄어들기도 한다. 가장 작은 원은 곡률이 가장 큰 지점, 즉 정점과 골에 있다.

6.6 표면 곡률

표면 곡률은 어떻게 구할까?

접촉원을 이용하면 평면 위에 그려진 1차원 곡선의 한 점에서의 곡률값을 구할 수 있다(6.5 참조). 이 방법을 2차원 표면의 곡률을 계산하는 데 이용할 수 있다.

표면 곡률이란 그 점에서 표면이 접평면과 얼마나 다른지를 나타낸 것이다. 그 접평면에 대해 수직 방향으로 **세워진** 평면을 **법평면**(normal plane)이라 한다. 법평면을 따라 잘려진 표면은 평평한 법평면 위에 1차원 곡선을 만들어내는데, 이 곡선의 곡률은 접촉원으로 구할 수 있다.

표면의 모든 점에서는 무한대의 법평면이 있는데, 이 법평면들 위에 만들어진 표면의 곡선들은 각각 다른 곡률을 가진다. 우리는 이 값들의 최대값과 최소값만 고려하면 된다. 그 법평면들에 의해 만들어진 곡률의 최대값과 최소값의 곱을 **가우스 곡률**(Gaussian curvature)이라 한다. 어느 점에서 가우스 곡률이 0이면 그 표면은 평평하다. 어느 점에서 가우스 곡률이 양수이면 그 표면은 양의 곡률을 가지며, 그 점에서 표면은 그릇이나 언덕 모양과 비슷하다. 대신에 만약 표면이 어느 점에서 안장 모양이라면 가우스 곡률이 음수인 것이다.

더 높은 차원의 표면들에 대한 곡률을 정의하는 더 복잡한 방법들이 있다.

가우스 곡률

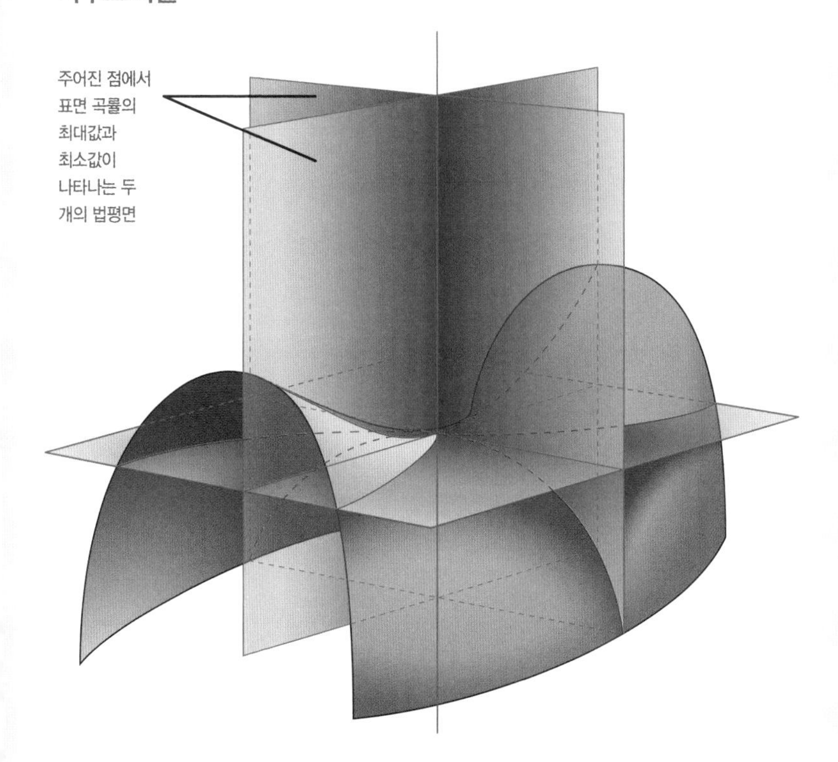

안장 모양 표면의 가우스 곡률은 음수다. 위 그림으로 볼 수 있듯 한 개의 접평면과 여러 개의 법평면이 만나는 곳에 여러 곡선이 생기며, 가우스 곡률은 그 곡선들 중 최대 곡률을 가진 곡선의 곡률값과 최소 곡률을 가진 곡선의 곡률값의 곱의 결과인데, 두 값의 부호가 반대이므로 음수다.

6.7 타원곡선

방정식 $y^2=x^3-2x+1$을 만족시키는 두 개의 수 x, y를 찾을 수 있을까? 답은 '그렇다'이다. 예를 들면 $x=0$, $y=1$이다. 하지만 다른 해들은?

방정식 $y^2=x^3-2x+1$을 만족하는 모든 점(x, y)을 좌표계(3.2 참조)에 나타내면 그 결과는 147쪽 다이어그램 안에 있는 멋진 곡선이 된다. 이것이 **타원곡선**의 예다.

한눈에 봐도 타원곡선은 방정식의 해인 한 쌍의 실수 x, y를 대표한다. 하지만 역시나 그 방정식의 해인 모든 **복소수**(1.9 참조) 쌍들도 보고자 한다면? 한 복소수는 두 개의 정보로 이루어지므로 하나의 복소수 쌍은 네 개의 정보로 이루어진다. 따라서 그 복소수 쌍을 그리고자 한다면 4차원이 필요한데 이를 시각화할 수는 없다.

하지만 유용한 사실이 있다. 방정식의 복소수 해로 나타낸 모양은 4차원 공간에 '존재'하지만 이들 차원들 중 실제로는 단지 두 개만 사용한다.* 이는 우리가 쉽게 상상할 수 있는 표면, 예컨대 도넛 같은 것으로도 나타낼 수 있다. 타원곡선을 정의하는 모든 방정식도 이와 같다. 그 방정식에 대한 복소수 해의 쌍은 항상 도넛 형태로 나타낼 수 있다.

타원곡선은 '페르마의 마지막 정리'를 증명하는 데 중요한 역할을 했다.

* 즉, 실수축과 허수축의 두 개 차원으로 복소수해를 나타낼 수 있다.

타원곡선

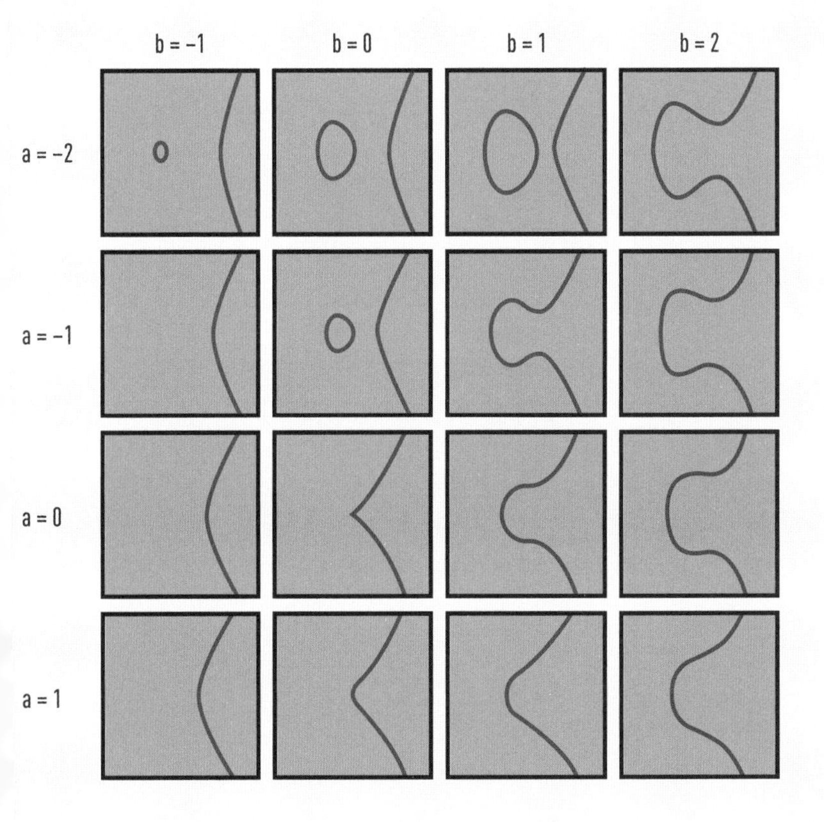

타원곡선은 방정식으로 나타낼 수 있다. 이 다이어그램은 $y^2=x^3+ax+b$ 형태의 방정식에서 a 값의 범위가 −2에서 1 사이, b 값의 범위가 −1에서 2 사이일 때의 타원곡선을 보여준다.

6.8 극소곡면

좋은 소식! 비누거품을 가지고 놀면서 복잡한 수학 문제를 풀 수 있다.

원은 주어진 길이의 둘레로 가장 넓은 면적을 에워쌀 수 있다는 점에서 가장 효율적인 도형이다(3.2 참조). 바꾸어 말하면, 원은 어떤 면적을 에워싸는 데 가장 작은 둘레의 길이를 가진 도형이라 말할 수 있다. 이런 점은 구에서도 마찬가지여서, 구는 주어진 공간을 에워싸는 데 필요한 면적을 최소화해준다.

비슷한 방식으로 이런 질문을 해볼 수도 있다. 어떤 평면을 여러 조각의 같은 크기로 나눌 때 어떻게 하면 조각들 둘레의 길이를 최소화하면서 나눌 수 있을까? 수학자들은 적어도 기원전 360년부터 그 답이 육각형의 벌집 모양이라는 것을 알고 있었다. 하지만 이 벌집 추측(Honeycomb Conjecture)*에 대한 수학적 증명은 1999년에야 성공했다.

자연은 수학적 증명 없이도 답을 제공한다. 즉 자연은 이미, 예컨대 벌이나 거품과 관련해 최소량의 에너지를 요구하는 해답을 찾아냈다. 수학적으로 **극소곡면**은 어떤 경계 범위 내에서 가능한 가장 작은 면적을 가진 곡면이다. 관련된 방정식을 풀면 극소곡면을 구할 수 있다. 조금 더 쉬운 방법은 원하는 모양으로 전선을 감은 다음 비눗물에 담그는 것이다. 그것을 다시 들어 올렸을 때 전선에 생기는 비누막(soap film)이 곧 수학적 해다.

수학적으로, 극소곡면은 가우스 곡률이 0인 곡면이다(6.6 참조). 다시 말해 구는 기술적으로는 극소곡면이 아니라는 의미다.

* 다각형 등의 평면 도형으로 평면이나 공간을 빈틈없이 채우는 타일링 중에서는 벌집 모양인 정육각형이 가장 효율적이라는 추정.

극소곡면은 건축가들이 좋아한다. 독일 건축가 프라이 오토(Frei Otto)는 비누막이 만드는 극소곡면 아이디어를 뮌헨의 올림픽공원(1972) 설계에 차용해 유명해졌다.

6.9 자이로이드

아름다운 컬러와 빡빡한 소스를 만들어내는 미로 표면.

1970년대에 나사(NASA)에서 초경량 구조를 연구하던 과학자 앨런 쇤(Alan Schoen)의 어떤 발견으로 극소곡면(6.8 참조)에 대한 관심이 되살아났다. 쇤은 공간을 두 개의 꼬인 미로(twisting labyrinths)로 나누는 극소곡면, 즉 **자이로이드**(gyroid)를 발견했다. 자이로이드 형태의 현저한 특별함은 규칙적으로 반복되는 형태를 가진다는 것이다. 이 형태는 안장형태의 최소곡면이 세 방향으로 뻗어 있는 기본구조(fundamental piece)를 3차원적으로 반복해서 연결함으로써 구성된다.

자이로이드를 그리는 일은 꽤나 어려울 수 있지만 매우 복잡한 그 구조는 자연에서 거듭 발견된다. 나비 날개의 아름다운 무지갯빛은 표면의 작은 구조에 의해 산란되는 빛의 주기적 변화로 인한 것이다. 그 외에도 여러 종에서 이러한 규칙적 구조가 자이로이드 모양을 갖게 하는 것이 관찰되었다. 자이로이드는 세포의 막 안에서도, 그리고 특정 종류의 플라스틱과 고무 안에서도 관찰된다.

자이로이드는 유리병 안의 케첩을 퍼내기가 왜 그리 힘든지도 설명해준다. 규칙적인 자이로이드 모양에서 나타나는 불완전성이 흐름에 큰 영향을 주어, 결과적으로 케첩이 빡빡해지는 것이다.

기본구조로부터 자이로이드를 구성하는 능력이 나노 기술의 관심 분야다.

자이로이드의 빌딩 블록

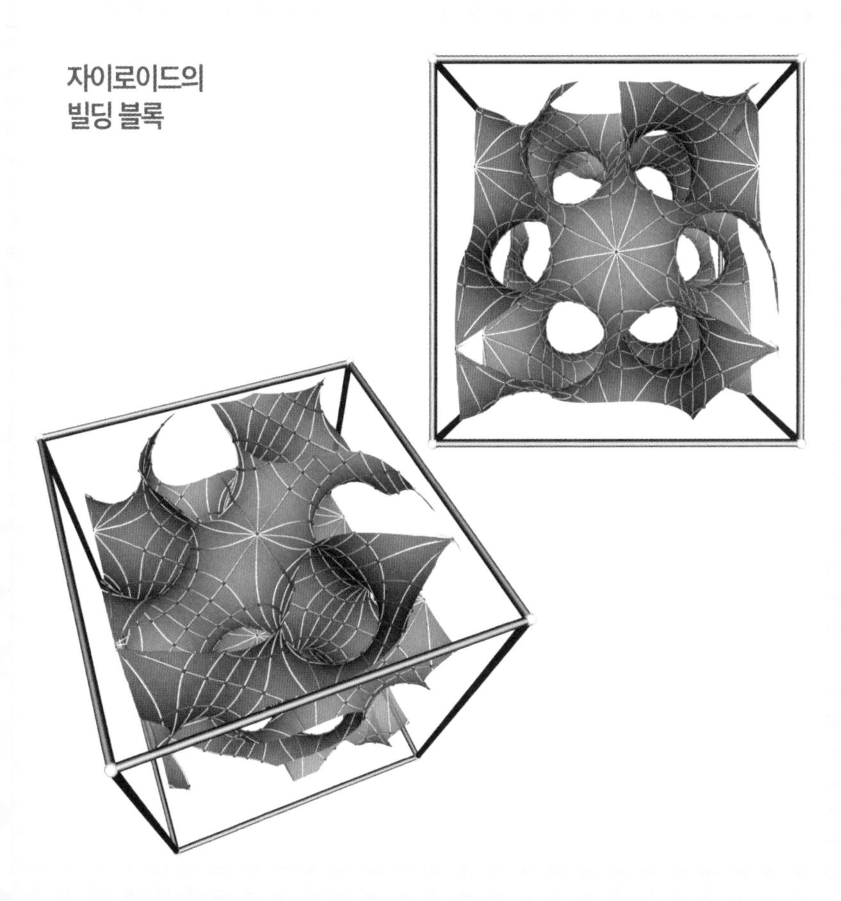

자이로이드는 각각 세 방향으로 무한히 반복되는 기본구조로 구성된다. 자이로이드가 만들어내는 표면은 공간을 두 개의 꼬인 미로 통로(labyrinthine passages)로 분리시킨다.

6.10 일반상대성이론

1915년, 아인슈타인의 일반상대성이론은 우주에 대한 우리의 시각을 바꿨다. 즉 중력은 더는 힘이 아니다. 그것은 시공의 곡률이다.

우리는 대부분 17세기에 아이작 뉴턴이 설명한 중력에 대해 배워 알고 있다. 두 물체는 '두 질량의 곱 나누기 그 둘 사이 거리의 제곱'에 비례하는 힘으로 서로를 끌어당기는 힘을 행사한다.

이것은 일상생활에서 우리가 경험한 사실과 일치하는 답을 주는 좋은 설명이다. 이 설명은 200년 이상 과학적 조건도 충족시켰다. 하지만 아인슈타인은 자신의 사고실험(thought experiment)*에서 뉴턴의 이론이 맞지 않을 수도 있음을 깨달았다. 태양이 폭발한다고 상상해보자. 태양의 빛이 지구에 도달하려면 시간이 걸리므로 우리는 이 재앙을 8분 동안은 보지 못할 것이다. 하지만 뉴턴의 이론에 따르면, 우리는 폭발과 동시에 태양의 중력 손실을 느껴야 한다.

이것은 문제가 된다. 아인슈타인이 1905년에 발표한 특수상대성이론에 따르면, 정보를 포함해 그 무엇도 빛보다 빠를 수는 없기 때문이다. 태양의 순간적인 중력 손실은 이 이론을 위반하는 것일 수 있다.

대신에 아인슈타인은 공간과 중력에 대한 우리의 시각을 바꿨다. 그는 공간과 시간을 구분하지 말고 그 둘을 동일 개념인 **시공간**(spacetime)의 상이한 두 개 면으로 생각해야 한다고 보았다. 그리고 중력은 시공이 물질에 의해 휘어진 결과라는 것이다.

"공간과 시간은 우리가 생각하는 방식일 뿐 우리가 사는 실제 환경이 아니다."
- 알베르트 아인슈타인

* 실제로는 수행하기 힘든 실험을 생각만으로 그 결과를 이끌어내는 것.

시공간 구부리기

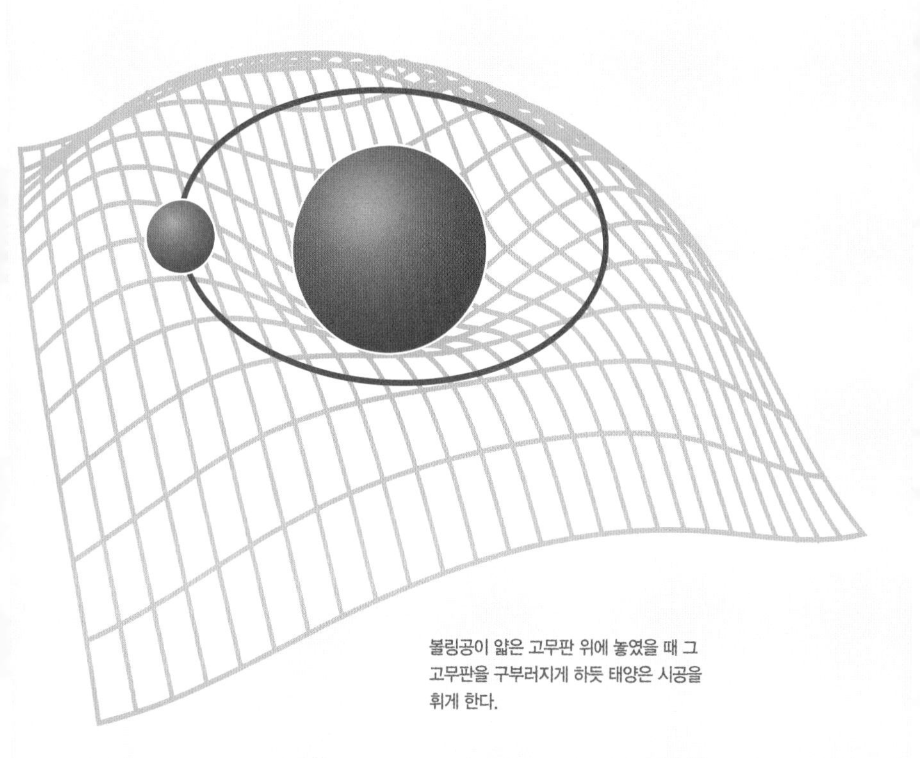

볼링공이 얇은 고무판 위에 놓였을 때 그 고무판을 구부러지게 하듯 태양은 시공을 휘게 한다.

질량이 큰 태양은 시공간을 휘게 한다. 태양이 만들어낸 시공간의 곡선은, 태양을 향해 움직이는 물체가 그 곡선을 따라 굴러 내려가며 그릇 안에서 원을 그리며 도는 구슬같이 태양 주위를 돈다는 것을 의미한다.

패턴과 대칭

유명한 수학자 하디(G. H. Hardy, 1877~1947)는 이렇게 말했다. "수학자는 미술가나 시인처럼 패턴을 만드는 사람이다. 만약 수학자의 패턴이 미술가나 시인들의 패턴보다 더 영원하다면 그것은 아이디어를 통해 만들어지기 때문이다."

하디의 이 말은 많은 수학자가 자기들의 예술을 어떻게 느끼는지 알려준다. 수학은 패턴과 형식의 언어다. 이 중 어떤 패턴들은 눈송이의 아름다운 대칭같이 보이는 반면 또 어떤 패턴들은 보이지 않고 숨어 있다. 그것들은 우리를 둘러싼 세계를 설명하는 수학적 구조 안에 감춰져 있다.

이 장에서 우리는 보이는 것과 숨어 있는 것을 모두 알아본다. 어린아이조차 알 수 있고 어떤 사람들은 미의 필수조건이라고 생각하는 대칭 개념부터 시작한다. 왜 욕실에 타일을 붙이는 방법이 그렇게 많은지, 왜 거실 벽에 붙일 만한 벽지 패턴의 수에는 기본적으로 제한이 있는지를 알아본다. 또한 반복적이지 않은 타일링에 기반을 둔 재치 있는 화장지 양각 무늬에 관한 수학자와 크리넥스(Kleenex) 사이의 유명한 분쟁에 대해서도 알아본다.

그런 다음, 방정식으로 전환되는 감춰진 대칭, 수학적 문제 및 다른 추상구조를 탐구해본다. 대칭이 문제를 푸는 데 어떻게 도움이 되는지와 대칭이 물리학의 기본법칙들과 어떻게 연결되어 있는지도 탐구해본다. 또한 대칭에 대한 이론적 연구가 어떻게 진행되었는지도 알아볼 텐데, 여기서는 수학에서 가장 비극적인 두 영웅(70쪽 참조)의 존재, 그리고 대칭이 어떻게 역사상 가장 큰 수학적 증명과 연결되는지를 살펴본다.

차례

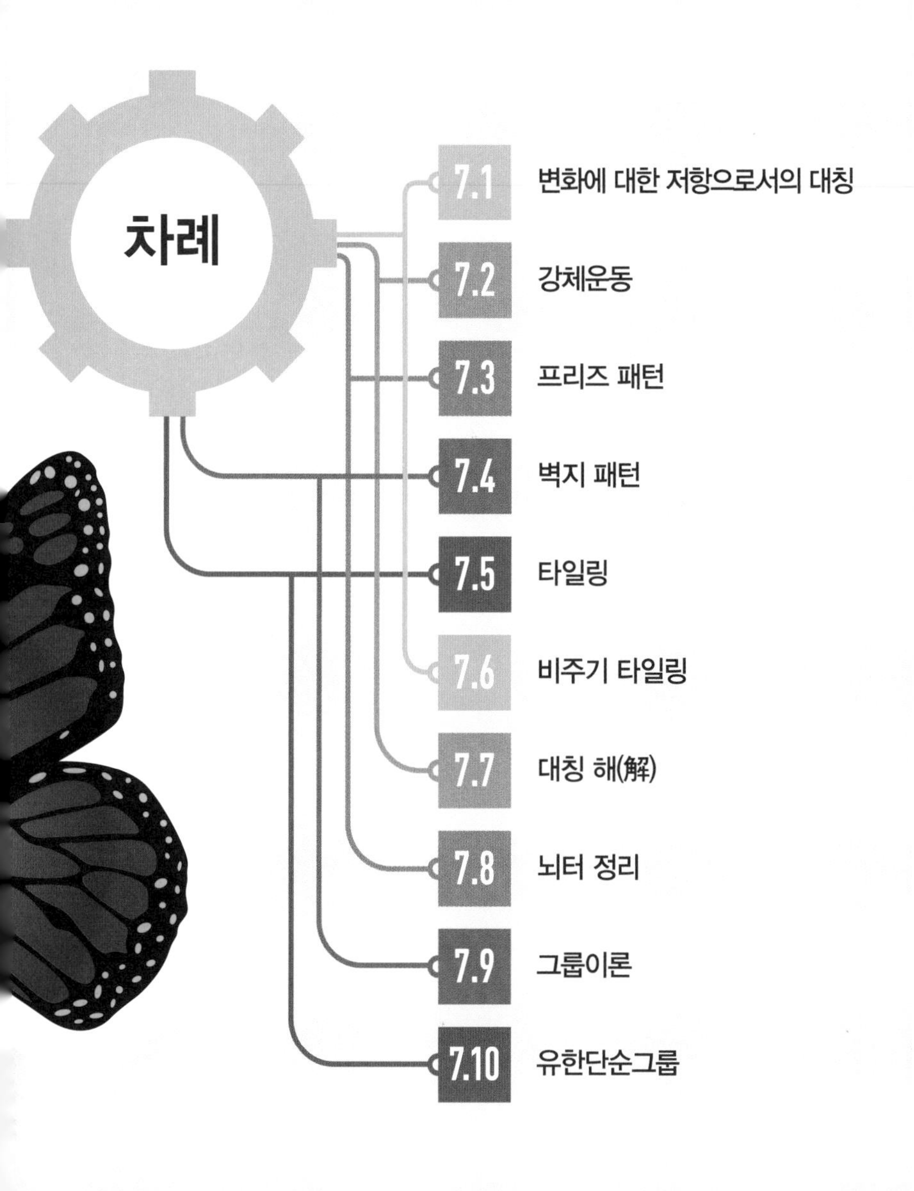

7.1 변화에 대한 저항으로서의 대칭

우리는 대칭에 대한 직관적 이해를 갖는 반면, 수학은 정확한 정의를 갖고 있다.

종이 위에 정사각형을 그 중심에 핀을 꽂아 고정한다고 하자. 눈을 감고 그 정사각형을 45도로(1회전의 ⅛) 회전시켜보자. 눈을 뜨면 그 전과의 차이를 발견할 수 있을 것이다. 하지만 정사각형을 90도로(1회전의 ¼) 돌려보면 모양에 변화가 없음이 보일 것이다.

대칭은 어떤 물체가 본질적으로 변하지 않은 상태로 남아 있게 할 수 있는 행위다. 위의 정사각형 예시에서 정사각형은 90도 회전에 영향을 받지 않지만 45도로 회전시키면 변화가 있다. 이것은 정사각형이 **4회전대칭**이지 **8회전대칭**은 아니기 때문이다.

대칭은 많은 형태를 가지며 다양한 물체에서 발견된다. 물리적 사물은 다양한 형태의 대칭, 예컨대 회전 및 반사 대칭 등을 가질 수 있다. 한편 수학적 개체도, 심지어는 방정식조차도, 변수의 변화에 대한 저항과 같은 대칭을 보일 수 있다.

인간은 선천적으로 대칭을 높이 평가한다고 한다. 대칭은 우리 주변에서 쉽게 찾아볼 수 있으며 우리가 대칭을 선호하는지를 조사하는 실험도 있다(비대칭인 얼굴보다 대칭인 얼굴이 더 아름답다고 여기는 것). 하지만 대칭이 없는 것 또한 미학에서 중요한 위치를 차지한다. 우리 눈은 자동적으로 대칭이 무너진 곳으로 이끌린다.

대칭 조각을 가진 스코틀랜드의 신석기시대 석구(stone balls)는 대칭을 향한 인간의 집착을 보여주는 초창기 사례다.

대칭은 자연에서 흔하다. 호랑이의 얼굴에 거의 완벽하게 나타난 반사 대칭을 보라. 하지만 우리 체내의 단백질에서 발견되는 나사선성(handedness)에서 볼 수 있듯 비대칭 또한 중요하다.

7.2 강체운동

종이 위의 그림을 구기지 않으면서 그 종이를 가지고 우리가 할 수 있는 것은 무엇일까?

종이를 구기지 않고 접거나 펼 수 없다는 것은 명백하다. 하지만 우리가 할 수 있는 일도 있다. 우리는 종이 한 장을 어느 방향을 따라 어떤 거리로 평행으로 이동시킬 수 있다. 이러한 변화를 **평행이동**(translation)이라 한다. 또한 종이 위에 손가락을 대서 한곳에 고정시킨 채로 종이를 그 고정된 점을 중심으로 어느 각도만큼 돌릴 수 있다. 이것을 **회전**(rotation)이라 한다. 또 다른 옵션은 종이 위에 선을 그려 그 선을 기준으로 반사시켜 그 자신의 거울 이미지가 되게 하는 것이다.

이것 말고 달리 더 복잡한 무엇을 우리가 할 수 있는가? 답은 '없다'이다. 어느 평면의 점들 사이의 거리를 유지한 채 변환하는 것을 **강체운동**(rigid motion)이라 부른다. 강체운동의 종류는 다음 네 가지뿐이다. 평행이동(병진), 회전, 반사, **미끄럼반사**(glide reflection). 미끄럼반사는 반사대칭 축에 대해 반사한 후 그 축을 따라서 평행하게 이동한 경우를 말한다.

강체운동은 우리가 어떤 모양을 대칭이라고 말할 때 보통 무엇을 의미하는지에 대한 표현 방법을 제시한다. 즉 '대칭'이란 그 모양에 평행이동, 회전, 반사, 미끄럼반사를 적용해도 같은 형태로 남아 있는 것을 말한다.

나비는 거울대칭을 가진 반면 뱀은 6회전대칭을 갖고 있다.

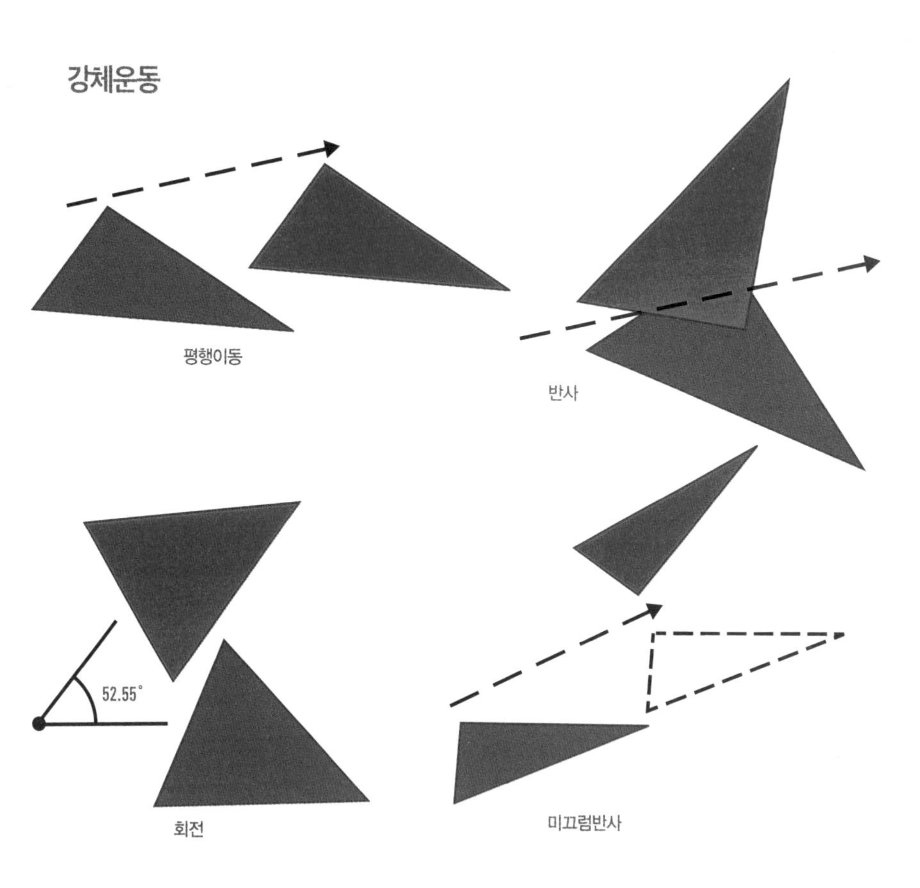

강체운동은 우리가 어떤 모양을 대칭이라고 말할 때 보통 무엇을 의미하는지에 대한 표현 방법을 제시한다. 즉 그 모양에 평행이동, 회전, 반사, 미끄럼반사를 적용해도 같은 형태로 남아 있는 것을 '대칭'이라 부른다.

7.3 프리즈 패턴

패턴은 대칭으로 특징지어진다. 두 개의 패턴이 매우 다른 요소로 만들어졌어도 같은 모양의 대칭을 나타낼 수 있다.

리본에서, 빌딩의 장식 조각에서, 심지어 당신의 발자국에서도 프리즈(frieze) 패턴을 볼 수 있다. 프리즈 패턴은 **병진대칭**(translational symmetry)(7.2 참조)을 가진 패턴이다. 즉 패턴을 어떤 거리만큼 평행이동을 시켜도 그 형태가 변하지 않은 채 나타난다.

수학자들은 프리즈 패턴을 그 패턴들이 가진 대칭으로 특징짓는다. 가장 간단한 프리즈 패턴은, '한 발 뛰기(hop)'로 알려져 있는데, 병진대칭만을 갖고 있다. 유사한 방식의 또 다른 패턴들은 여러 가지 대칭을 갖는데 회전점프(spinning jump) 같은 프리즈 패턴은 병진대칭, 수평 및 수직 대칭(수평과 수직으로 반사시켰을 때 같은 모양을 유지), 그리고 회전대칭을 갖는다. 우리가 걸을 때 생기는 발자국 패턴은 미끄럼대칭(glide symmetry)을 갖는데, 하나의 발자국을 미끄러지게 해서 수평반사를 시키면 패턴이 변하지 않고 유지된다.

이들 대칭을 조합하는 일곱 가지 방법이 있으며, 결과적으로 일곱 가지의 프리즈 패턴이 있다. 이들은 수세기 전 예술가들이 발견한 것이며, 고대 건축물 장식에서도 흔히 볼 수 있다. 하지만 수학자들은 19세기까지 프리즈 패턴이 정확히 정말 일곱 가지인지, 더는 없는지 증명해내지 못했다.

일곱 가지 프리즈 패턴을 모두 갖는 것의 가장 오래된 사례는 구석기시대(기원전 2만 5000~1만 년)에서 찾을 수 있다.*

* 스페인의 알타미라, 우크라이나 메진에서 발견된 구석기시대 동굴벽화, 장신구에서 찾을 수 있다.

일곱 가지의 프리즈 패턴이 있다. 모두 병진대칭을 갖고 있으며, 몇몇은 회전대칭, 수평대칭, 수직대칭과 미끄럼대칭을 갖고 있다.

* 한발로 뛰며 회전하는 것.

7.4 벽지 패턴

거의 무한대의 다양한 벽지 디자인이 있지만, 놀랍게도 수학자들은 단지 열일곱 개만 다른 형태라고 인정한다.

수학자들에게 벽지 패턴은 기본 블록이, 예컨대 꽃무늬 벽지의 장미는 두 개의 다른 방향으로 반복되는 패턴이다. 두 방향으로 모양 변화 없이 옮길 수 있으므로 패턴은 두 개의 병진대칭을 갖는다. 또한 그것은 반사 및 회전 대칭을 갖고 있을 수 있으며, 미끄럼반사에서도 대칭일 수 있다.

유행이 지난 벽지는 우리 집에 바르려고 고른 초현대적인 패턴과는 영 달라 보일 수 있지만, '대칭'이라는 관점에서 보면 두 패턴이 같다. 모든 가능성을 조사한 결과, 수학자들은 모두 열일곱 가지 **벽지무늬 변환그룹**(wallpaper groups)을 밝혀냈으며 각각은 독특한 형태의 대칭을 그려내고 있다. 재미있는 것은 거기에 약간의 제약이 있다는 것이다. 예를 들면, 벽지 패턴에서의 회전은 60도, 90도, 120도, 180도의 각도만을 가질 수 있다. 그 외 다른 형태의 회전대칭을 갖는 패턴에는 그 기본블록을 맞추기 어렵다. 이것은 타일링(7.5 참조)을 할 때 직면할 현상이다.

러시아 수학자 페도로프(Evgraf Fedorov, 1853~1919)는 1891년에 벽지 패턴으로는 정확히 열일곱 개의 그룹이 있다는 것을 증명했다. 페도로프는 화학자이기도 했고 그래서 증명에 나섰던 것이다. 화학자들은 화학적 화합물의 행태를 이해하는 데 대칭을 이용한다.

에스파냐 알람브라 궁전 (Alhambra Palace)에서는 열일곱 개의 벽지 패턴 중 최소 열네 개가 발견된다.

위와 같이 반복되는 별 패턴은 에스파냐 그라나다에 있는 알람브라 궁전의 벽체에서 찾아볼 수 있다.

7.5 타일링

만약 당신이 왜 대부분의 욕실 타일이 모두 정사각형인지 궁금해한 적이 있다면, 여기 그 이유가 있다.

평면을 채울 수 있는 정다각형(2.2 참조)은 많지 않다. 선택할 수 있는 것은 이등변삼각형, 정사각형 및 정육각형뿐인데, 이들을 서로 맞추면 친숙한 벌집 패턴이 나타난다.

정오각형들을 서로 맞추려 하면 공의 형태가 불안정해질 것이다. 이유는 쉽게 알 수 있다. 정오각형 모서리의 내각은 108도이다. 인접한 타일들의 모서리들이 모두 한 점에서 만나려면 그 점 주변에서 주어진 수의 타일을 맞추어야 하는데 그들의 각의 합이 360도가 되어야 한다. 세 개의 정오각형은 108×3=324도이니, 각도가 충분치 않아 틈이 생긴다. 네 개의 정오각형은 108×4=436도이니 너무 커서 타일이 겹치게 된다. 이래서는 맞춰서 채울 수가 없다.

두 개의 정오각형 타일을 서로 붙일 때 한 타일의 모서리가 다른 타일의 변에 붙었다고 가정하자. 한 타일의 변은 직선이므로 180도이다. 그 변 위에 놓인 다른 타일의 모서리는 108도를 차지한다. 이렇게 되면 180−108=72도가 더 채워져야 되는데, 다른 정오각형으로는 채울 수 없다. 비슷한 방법으로 변이 여섯 개가 넘는 정다각형으로는 평면을 채울 수 없음을 보일 수 있다.

모든 타일이 굳이 정다각형일 필요가 없다면, 타일링에는 더 많은 옵션(단순한 직사각형부터 별 모양까지)이 있다(169쪽 참조).

타일링 패턴

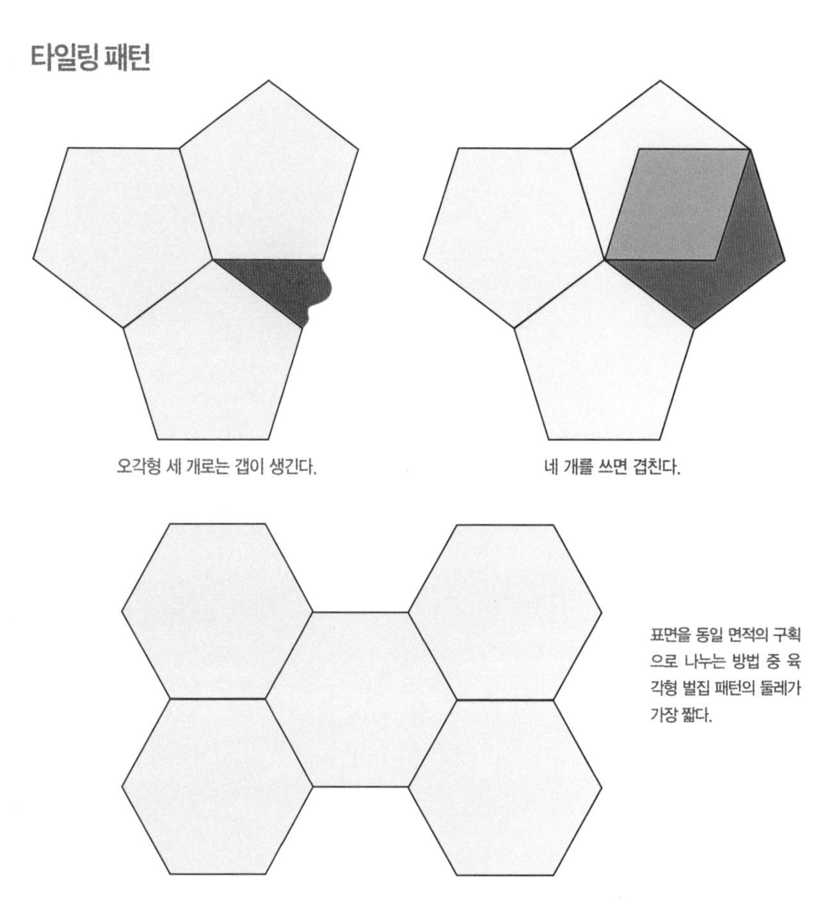

오각형 세 개로는 갭이 생긴다.

네 개를 쓰면 겹친다.

표면을 동일 면적의 구획으로 나누는 방법 중 육각형 벌집 패턴의 둘레가 가장 짧다.

오각형은 타일링을 할 수 없는 다각형이지만 정육각형은 타일링이 가능하다. 정육각형을 쓰면 친숙한 벌집 패턴이 나올 수 있다.

7.6 비주기 타일링

반복적이지 않은 타일링을 생각해내기란 의외로 어려운 일이다.

머릿속에 떠오르는 대부분의 평면 타일링은 주기적이다. 다시 말해 모든 방향에서 어떤 기본 구성단위의 지속적인 반복이다.

하지만 비주기 타일링도 가능하다. 예를 들면 정사각형 타일링에서 각 정사각형을 절반으로 나누어 직사각형으로 만든다. 나눌 때 모든 정사각형은 수직으로 나누되 마지막 하나는 수평으로 나눈다. 어느 방향으로 접근해도 수평으로 나뉜 정사각형은 다시 볼 수 없으므로 그 타일링은 주기적이 아니다. 하지만 이것은 그 타일링을 **비주기적**(non-periodic)으로 만드는 하나의 아주 작은 차이일 뿐이어서 좀 재미없는 사례다. 그 안의 직사각형들은 주기적(periodic) 타일링을 똑같이 잘 만들어낸다.

문제는 '단지' 비주기 타일링만을 만들어낼 수 있는 타일 세트가 있느냐는 것이다. 답은, '있다'이다. 169쪽에 소개한 영국의 수학자이자 물리학자이며 철학자였던 로저 펜로즈(Roger Penrose)의 이름을 따라 명명된 펜로즈 타일이 그런 사례다. 홀쭉한 마름모꼴과 두꺼운 마름모꼴은 주기적 타일링은 못 만들지만 비주기 타일링은 만들어낸다. 그리고 앞서 보았던 지루한 사례들과는 달리 이 타일링은 주기적인 임의의 커다란 조각을 포함하지도 않는다. 그러므로 펜로즈 타일 속성을 가진 타일링은 비주기적이다.

1997년 펜로즈는 크리넥스가 화장지 양각 무늬로 펜로즈 타일 형태를 사용한 데 대해 소송을 걸어 승소했다.

비주기 타일링 세트

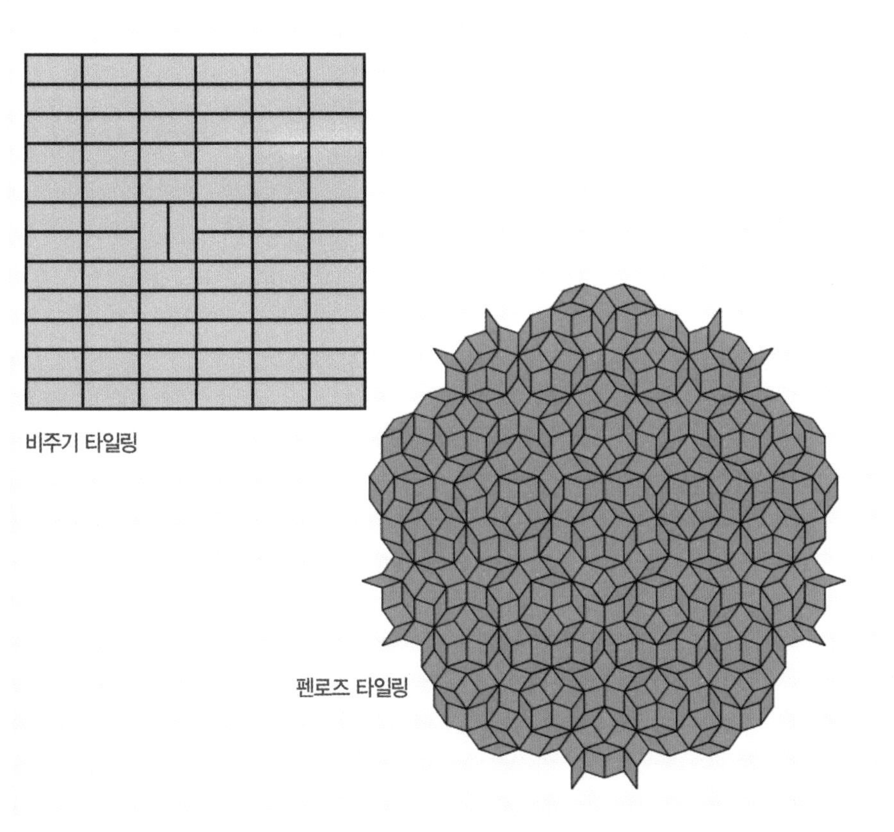

비주기 타일링

펜로즈 타일링

비주기 타일링을 보여주는 그림들. 어느 방향으로 접근해도 같은 패턴을 다시 볼 수 없을 것이다. 펜로즈 타일링도 비주기적이다.

7.7 대칭 해(解)

어떤 문제들은 대칭을 보일 수 있고 그 문제 속의 대칭을 알면 해를 찾는 데 많은 도움을 얻을 수 있다.

숫자 넣기 퍼즐 스도쿠(Sudoku)를 좋아하는 사람이라면 비어 있는 스도쿠 격자를 채울 방법이 무려 6,670,903,752,021,072,936,960 가지라는 소식을 들으면 아주 기쁠 것이다. 이들 각각이 퍼즐에 대한 해이므로 아직 할 수 있는 게임은 숱하게 많다.

하지만 잠깐! 완성된 격자가 있다면, 그 첫 번째 숫자가 담긴 격자를 90도 회전시킴으로써 또는 정사각형의 수직대칭선으로 반사시켜서 두 번째 완성된 격자를 만들어낼 수 있다. 그러한 대칭을 모두 알아낸다면 그 후에는 겨우 5,472,730,538개의 본질적으로 다른 해가 남는다. 따라서 본질적으로 다른 훨씬 적은 수의 퍼즐이 있다.

우리가 여기서 알아낸 사실은 어떤 문제들은 대칭 해를 허용한다는 것이다. 하나의 해를 찾으면 그것을 구성하는 것들(스도쿠의 경우 숫자들)을 단순히 어떤 식으로든 여기저기 바꿔봄으로써 다른 해를 찾을 수 있다.

그러한 대칭을 알고 있는 것은 시간표 구성이나 자원 배분 같은 어떤 제약조건의 문제를 해결해야 하는 많은 상황에서 유용할 수 있다.

방정식도 대칭 해가 있을 수 있다. 즉 $y=x^2$에 대해 x와 $-x$ 모두 답이 된다.

스도쿠에서의 대칭

1	2	5	3	7	8	9	4	7
3	7	8	9	6	4	2	1	5
4	9	6	1	2	5	8	3	7
2	6	9	4	5	3	1	7	8
8	4	1	7	9	2	6	5	3
5	3	7	8	1	6	4	9	2
9	1	2	5	8	7	3	6	4
6	5	3	2	4	9	7	8	1
7	8	4	6	3	1	5	2	9

7	6	9	5	8	2	4	3	1
8	5	1	3	4	6	9	7	2
4	3	2	7	1	9	6	8	5
6	2	5	8	7	4	1	9	3
3	4	8	1	9	5	2	6	7
1	9	7	6	2	3	5	4	8
5	7	3	4	6	1	8	2	9
2	8	6	9	5	7	3	1	4
9	1	4	2	3	8	7	5	7

이 예에서, 두 번째 격자는 첫 번째 격자를 시계방향으로 90도 회전시킨 것이다.

스도쿠의 격자 해를 찾으려고 컴퓨터 프로그램을 사용할 경우 대칭에 주의하면 프로그램이 본질적으로는 동일한 해답들을 찾느라 귀중한 시간을 낭비하는 것을 막을 수 있다.

7.8 뇌터 정리

물리학에서 어떤 양(量)은 항상 보존된다는 것을 틀림없이 알고 있을 것이다. 뇌터 정리에 따르면, 이러한 보존의 법칙은 대칭과 밀접하게 연관된다.

보존량(conserved quantity)의 예로는 에너지를 들 수 있다. 한 당구공이 다른 당구공을 맞히고 완전히 정지한다면 그 공의 에너지는 이제 상실되었다. 하지만 첫 공의 에너지는 그 공이 맞힌 공으로 이전되었다. 보존량의 다른 예로는 **운동량**(직선을 따라 이동하는 한 물체의 운동량)과 **각운동량**(angular momentum; 회전운동에 대한 운동량)이 있다. 첫 번째 당구공의 운동량은 사라지지 않고 대신에 두 번째 공으로 이전되었으며, 만약 공들이 원형 트랙을 계속 돌고 있다면 같은 현상이 계속될 것이다.

'뇌터 정리'에 따르면 이들 보존의 법칙은 대칭과 상응한다. 어떤 물리적 시스템이(공들이 있는 당구대) 같은 행태를 보이고 우주공간에 있다면, 즉 회전대칭을 갖는다면 이것은 각운동량이 보존된다는 의미다. 만약 어떤 시스템이 어떤 공간에 위치하더라도 똑같이 움직인다면 병진대칭을 갖는 것이며, 이것은 운동량이 보존된다는 의미다. 그리고 만약 시간에 관계없이 똑같이 움직인다면 시간병진대칭을 가지며, 에너지가 보존됨을 의미한다.

뇌터 정리는 물리학과 대칭 간에 깊은 관계가 있다는 것을 보여주었다. 자연의 기본 구성단위를 설명하는 현대물리학 이론들은 대칭 개념을 바탕으로 한다.

아인슈타인은 에미 뇌터(Emmy Noether)를 '창의적 수학 천재'라고 불렀다.

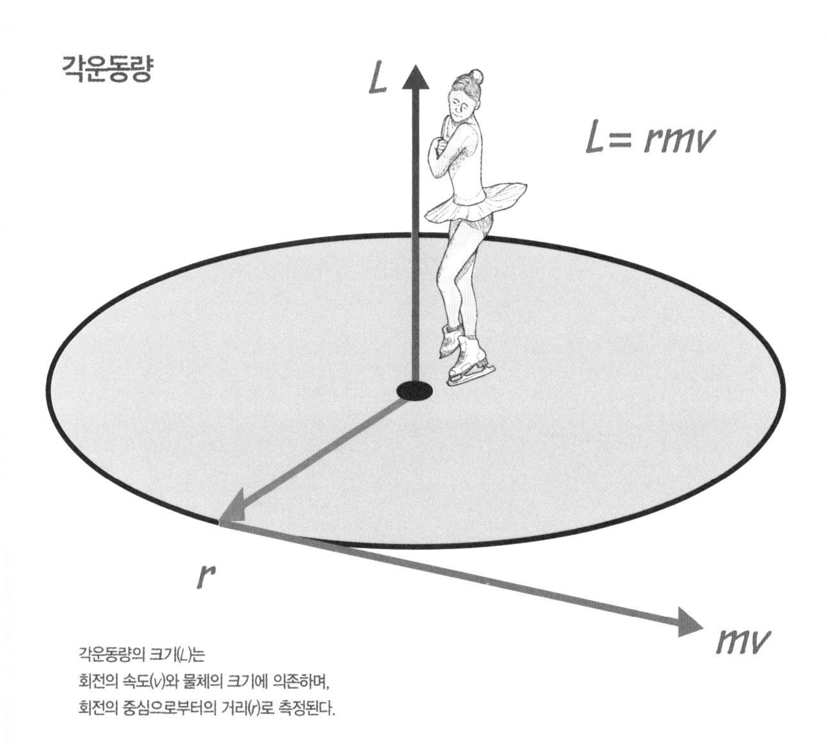

각운동량의 크기(L)는
회전의 속도(v)와 물체의 크기에 의존하며,
회전의 중심으로부터의 거리(r)로 측정된다.

각운동량의 보존은, 예컨대 피겨스케이팅 선수가 팔을 안쪽으로 오므릴수록 회전속도가 커지는 이유를 설명해준다. 거리(r)가 줄어들면서 각운동량(L)이 일정한 상수로 유지되려면 속도(v)는 증가해야 한다.

7.9 그룹이론

대칭의 집합은 수학과 과학에서 흥미있는 구조를 만들어낸다.

어떤 물체에 대칭을 적용할 때마다(어느 정사각형에 반사대칭을 적용한다고 해보자) 항상 또 다른 대칭(회전대칭이라 하자)을 뒤따라 적용하면 그 결과 또한 대칭이다. 어떤 것을 두 번의 대칭에서 변화되지 않도록 유지한다면 결과적으로 끝까지 변함이 없이 유지되기 때문이다. 더 나아가, 어느 대칭도 또 다른 대칭을 써서 되돌릴 수 있다. 예를 들면 주어진 각도만큼 시계 방향으로 회전대칭을 시킨다면 그것을 시계 반대방향으로 함으로써 되돌릴 수 있다. 아무런 조작도 하지 않는 것 또한 좀 시시하긴 하지만 대칭이다.

수학자들은 특별한 상황으로부터 이 속성들을 끄집어내 **그룹***이라 불리는 일반구조를 정의했다. 그룹이란 객체(어떤 것이라도 될 수 있다)들과 다음 네 가지 규칙을 따르는 두 객체의 조합행위의 집합이다.

1. 만약 a, b가 한 그룹의 객체면 $a+b$도 객체다.
2. 가정 해(identity object) e가 있으며, 다른 모든 객체 a에 대해 $a+e=e+a=a$이다(e는 '아무것도 하지 않는다'와 상응).
3. 모든 객체 a는 $a+b=e$를 만족하는 역의 객체(inverse) b를 갖는다.
4. $(a+b)+c=a+(b+c)$(세 객체를 어떤 순서로 조합할 경우 어떤 두 개의 객체를 먼저 하더라도 상관이 없다).

더하는 행위를 포함한 정수의 집합은 그룹이론의 네 가지 규칙을 만족시키므로 그룹을 형성한다.

* 대칭성을 갖고 있는 물체나 사물은 그 사물을 그대로 보이게 만드는 변환을 여럿 가지게 되는데, 그 변환들의 집합을 그룹(group)이라 부른다.

리그룹(Lie group)

위 그림은 특수한(exceptional) 리그룹* E_8의 도해이며, 물리학에서 매우 중요한 것이다.

그룹이론의 결과는 도형의 대칭 찾기에서 물리학 방정식에서 보이는 대칭들까지, 그룹이 나타날 수 있는 모든 환경에 적용될 수 있다.

* 그룹의 구조를 지니고 있는 다양체(manifold: 모든 영역에서 미분 가능한 대상, 쉽게 말해 곡면)를 뜻함.

7.10 유한단순그룹

수학자들은 그룹을 추상 구조로 정의한 뒤 또 다른 어떤 종류의 그룹이 있을지를 궁금해했다. 이 호기심이 수학 역사상 가장 긴 증명으로 이어졌다.

자연수를 소수들의 곱으로 나타낼 수 있듯이(1.5 참조), 어느 한 그룹도 여러 개의 더는 분해될 수 없는 부분그룹으로 나뉠 수 있다. 이 부분그룹을 **단순그룹**이라 부른다. 어느 그룹이 가질 수 있는 여러 가지 상이한 형태를 이해하고자 1970년대 수학자들은 모든 유한단순그룹, 즉 유한한 수의 객체로 구성된 단순그룹들을 분류하기 시작했다.

이 과제는 엄청난 가치를 지닌 일인 것으로 나타났다. 그 분류와 완벽한 증명은 그 내용이 1만 쪽이 넘었고, 전 세계 100명 이상의 저자가 500여 편에 달하는 논문을 발간했다. 원본의 증명에서 발견된 실수를 해결해 책을 다시 발간하는 데 7년이 더 걸렸다.

결국 2004년에 완성된 그 분류는 유한단순그룹의 18개 종류, 이들 분류에 속하지 않는 산재그룹(또는 간헐단순그룹이라 불리는 또 다른 26개의 개별 그룹)을 밝혀낸다. 현재 전 세계 수학자들 가운데 손에 꼽을 정도로 소수의 수학자들만이 그 전체적 증명을 이해한다. 그들은 덜 똑똑한 사람들도 이해할 수 있도록 좀 더 단순한 버전을 만들어내고자 지금도 열심히 일하고 있다.

가장 큰 산재그룹은 괴물(Monster)이라 불리며, 808,017,424,794,512,875,886,459,904,961,710,757,005,754,368,000,000,000개의 개체로 구성된다.

이 사례 외에 십이면체 위에 나타난 또 다른 추상그룹은 뭐가 있을까? 이것이 유한단순그룹 분류에 따라 다루어지게 된 질문이다.

8

변화

수학은 우리에게 변화를 설명하는 강력하고 정확한 방법을 제공한다. 이 장에서 우리는 재귀관계로 시작한다. 즉 어떤 것을 두고 올해와 내년 사이의 값(어떤 동물의 개체 수라 하자)의 관계를 방정식 등을 포함해 나타내는 것이다. 시간에 따른 변화에 대한 표현이 동역학계(dynamical system)에서 나타나는 한 사례다.

이 방정식들은 다양한 행태를 나타낼 수 있다. 예를 들면 그런 방정식으로 표현된 인구는 시간에 따라 그 값이 반복되는 패턴으로 순환할 수 있다. 아니면 그 체계의 끌개(attractor)로 알려진 어떤 한 값으로 귀착될 것이다. 그 끌개로 인해 나타나는 체계의 행태 패턴이 나비처럼 보이는 유명한 끌개는 로렌즈 끌개(Lorenz attractor)다. 하지만 '나비효과'라는 유명한 용어는 이 나비 모양의 끌개에서 온 것은 아니다. 나비효과는 로렌즈가 어떤 수학적 모델의 민감도를 나타내고자 사용한 방법이었다. 만약 어떤 모델에서 아주 조금의 차이(나비의 날갯짓 한 번만큼의 차이)를 가진 시작점에서 두 개의 시뮬레이션을 시작했다면 그 둘의 결과 차이는 매우 클 수 있다.

그런 민감도는 수학적 카오스가 갖는 특성이다. 카오스는 왜 몇몇 동역학계가 그렇게 설명이나 예측이 힘든지에 대해 해석을 제공한다. 예를 들면 날씨 예측에 사용되는 모델은 혼란스러울 수 있다. 로렌즈는 날씨 예측 모델을 시뮬레이션하면서 나비효과를 처음 발견했다. 날씨는 어떤 흐름에 대해 압력과 속도 사이의 관련 변화를 설명하는 미분방정식을 이용해 모델링된다. 그 방정식들로 어떤 주어진 상황에 대한 문제를 푸는 것은 극히 어렵지만, 만약 그것이 가능하다면 많은 돈을 벌 수 있을 것이다.

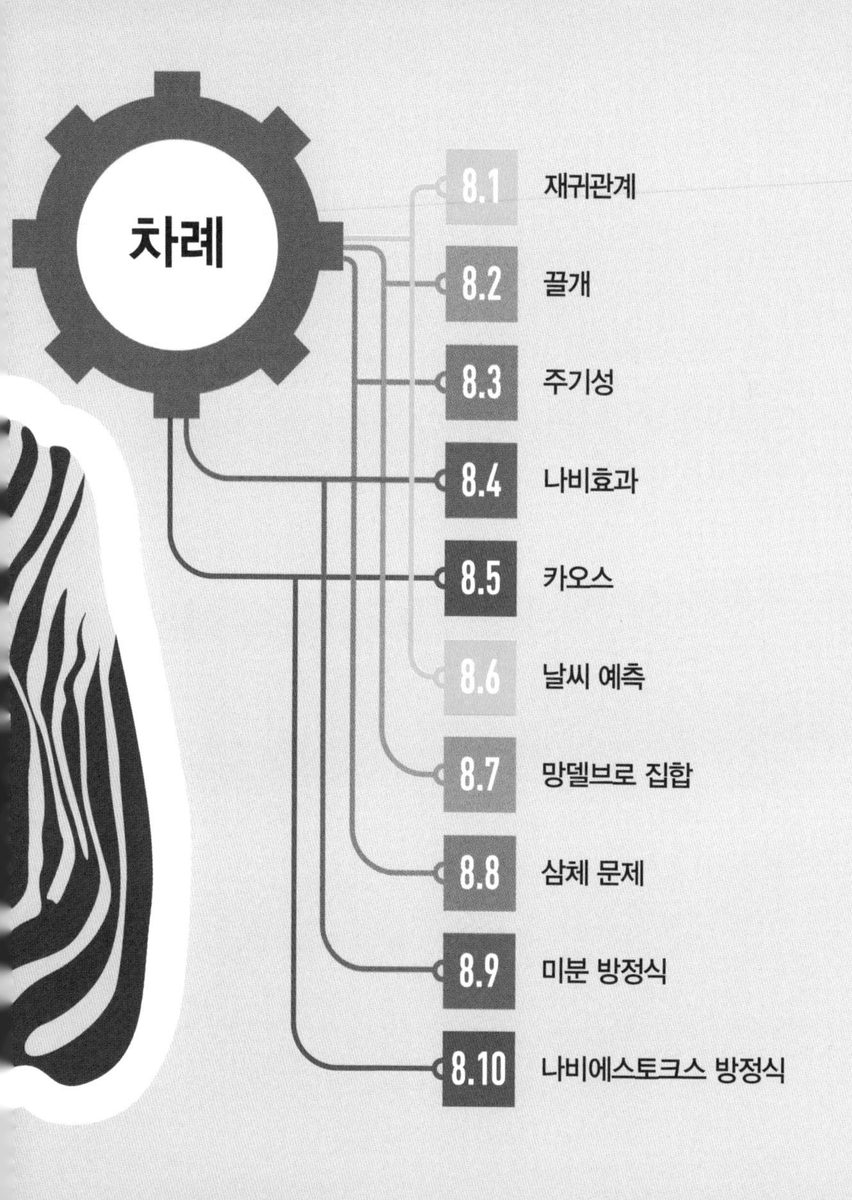

차례

8.1 재귀관계

어떻게 과거의 사건으로 미래를 예측할 수 있을까?

어떤 동물이 몇 마리인지 알고 있으며, 그 수가 내년에는 얼마나 될지 예측하려 한다고 가정하자. 동물이 별로 없으면 공간도 충분하고 그들의 성장에 필요한 먹이도 적당히 많아 그 수가 늘어나리라는 것을 안다. 하지만 동물이 많으면 먹이는 부족해지고 그 수는 감소할 것이다. 그 같은 상황을 설명하는 방정식의 유명한 예가 있다.

$p_{내년}=2p_{올해}(1-p_{올해})$.

여기서, $p_{내년}$과 $p_{올해}$는 어떤 가능한 최대의 수에서 살아 있는 동물의 비율(각각 내년과 올해)이다. 이 방정식이 **재귀관계**의 예인데, 각 단계에서의 측정 수량은 이전 단계의 수량에 의존하며 이것은 위에서 언급한 행태를 보여준다. 만약 $p_{올해}$가 $\frac{1}{2}$보다 작으면 성장의 여유가 있고 $p_{내년}$이 더 클 것이다. 만약 $p_{올해}$가 $\frac{1}{2}$보다 크면 너무 많은 동물이 있어 $p_{내년}$은 더 작을 것이다. 만약 $p_{올해}$가 정확히 $\frac{1}{2}$이면 동물의 수는 고정된 채로 유지될 것이다.

이 단순한 모델이 모든 동물의 수를 설명해주지는 않지만 **결정론적 역학계**(deterministic dynamical system)의 흥미로운 사례는 된다. 이론적으로는 어떤 초기 수로 시작하든 미래의 모든 연도에서 그 수를 또다시 계산할 수 있다.

1970년대 생물학자인 로버트 메이(Robert May)는 인구수 예측을 위해 이 같은 방정식을 최초로 이용했다.

182쪽에 소개한 방정식, $y=2x(1-x)$을 그래프로 나타낸 것이다.

내년에 얼룩말의 수는 얼마나 될까? 이 사례를 나타낸 방정식은 로지스틱 맵(logistic map)의 수식이다. 일반적으로 로지스틱 맵은 $y=rx(1-x)$ 형태의 방정식을 갖는데, 여기서 r은 실수이다.

8.2 끌개

앞서 8.1에서 살펴본 개체수 모델은 이런 재미있는 특징이 있다. 즉 개체수의 크기는 항상 몇 년이 지난 후 같은 값으로 정착될 것이다.

개체수의 비율을 처음에 얼마로 잡든지 간에(0과 1은 제외) 8.1에 나온 방정식을 몇 번 적용하면 개체수의 비율이 ½에 가까워지고 적용을 계속할수록 더 가까워질 것이다. 여기서 '½'이 그 시스템의 **끌개**다.

많은 동역학계가 끌개를 갖고 있다. 185쪽 그림은 **로렌즈 끌개**(Lorenz attractor)를 보여준다. 3차원 공간에서 점을 움직여 복잡한 궤도를 만들어내는 일련의 방정식에서 비롯된 것이다. 로렌즈 끌개는 그 섬세함과 나비 모양으로 유명하다. 사실 이 끌개는 **프랙털**(fractal, 10.3 참조)의 복잡한 구조를 갖고 있다. 수학자이자 기상학자인 에드워드 로렌즈(Edward Lorenz, 1917~2008)가 1960년대에 지구의 대기 행태를 이해하고자 이 시스템을 개발했다.

끌개는 시스템의 장기적 행태, 예컨대 개체수가 결국 어떤 규모로 유지될 것인가를 최소한 끌개에 매인 초기 값들에 대해서는 판단할 수 있도록 해준다. 그러므로 역학계 안에서 끌개를 찾아내면 유용하다.

에드워드 로렌즈는 수학적 카오스(8.4 참조)를 설명하고자 '나비효과'라는 용어를 널리 퍼뜨렸다.

위와 같이 프랙털 구조를 갖는 끌개를
'기이한 끌개(strange attractors)'라고 부른다.

8.3 주기성

복잡한 동역학계도 규칙적 패턴에 빠질 수 있다.

아마추어 당구 선수라면 누구나 잘 알고 있듯 당구 테이블 위에서 공의 경로는 전반적으로 매우 복잡하다. 하지만 공을 (포켓으로 들어가지 않게 하면서) 테이블의 한쪽 면에 직각으로 닿도록 치기만 한다면 그 경로는 매우 예측 가능하다. 즉 공은 맞은편 지점을 왔다 갔다 하는 경로를 반복할 것이다. 공의 진행을 방해하는 장애물이나 마찰이 없는 이상적인 상황에서 그 공은 영원히 이 같은 움직임을 이어갈 것이다.

바로 이런 것이 **주기성**(periodicity)의 사례로, 동역학계는 규칙적 패턴에 빠져 그 안에 영원히 갇혀 있게 된다. 주기적 행태는 많은 동역학계에서 발생한다. 동물의 개체수는 두 개 또는 그 이상의 수 사이에서 왔다 갔다 할 수 있고, 행성들은 태양 둘레의 동일한 경로로 계속 되돌아갈 것이며, 사인파(sine wave)는 같은 모양의 파동을 자꾸 되풀이할 것이다.

주기적 행태는 안정적일 수 있어서, 시스템이 주기적 경로에서 살짝 벗어날지라도 곧바로 다시 제 경로로 돌아가 자리를 잡을 것이다. 하지만 주기적으로 움직이는 판 위에 그 끝으로 균형을 잡고 서 있는 연필과 같이 주기적 행태도 불안정할 수 있는데, 아주 조그마한 변화에도 경로를 벗어날 수 있다.

달이 차고 기우는 것도 주기적 행태의 예다.

당구공의 경로

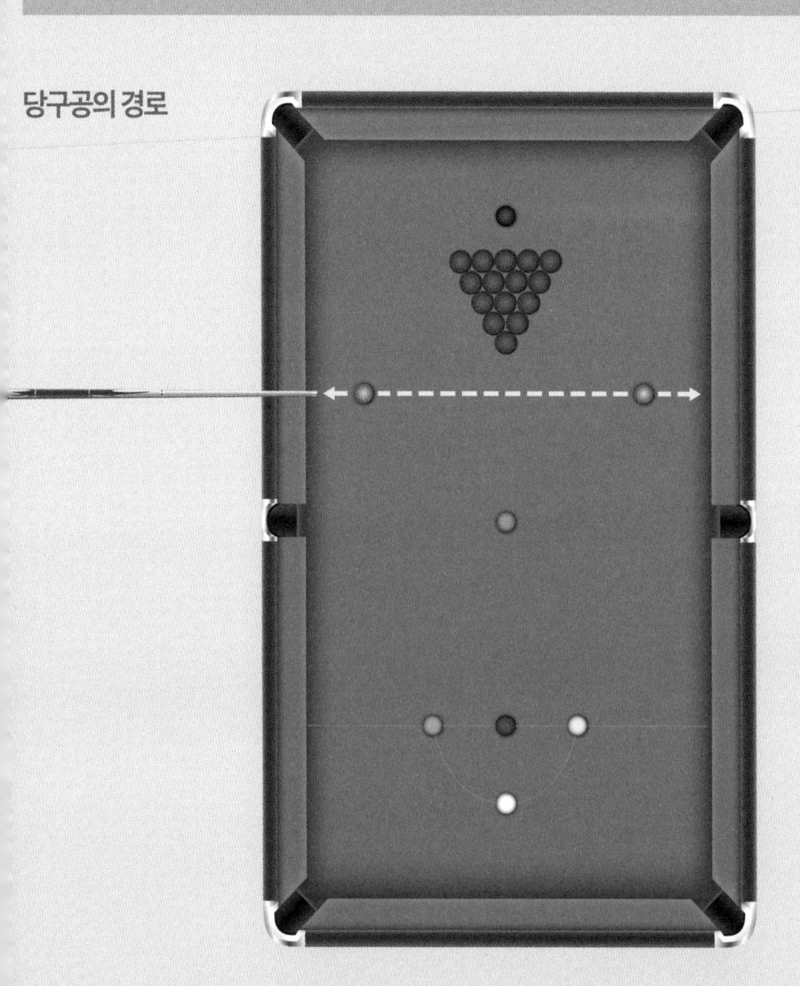

당구 테이블의 한쪽 면을 향해 샷이 시도된 당구공의 예측 가능한 경로.

8.4 나비효과

브라질에 있는 나비의 날갯짓이 미국 텍사스 주에서 토네이도를 발생시킬 수 있을까?

이 질문은 에드워드 로렌즈가 1972년에 자신의 유명한 논문에서 **나비효과**(butterfly effect) 아이디어를 소개하며 던진 것이다. 그의 추론은 일반적으로 두 기상 사이의 나비 한 마리의 순간적인 날갯짓 만큼의 차이가 충분한 시간이 지난 후에는 토네이도를 일으킬 만큼의 큰 차이로 발전하리라는 것이었다.

이것은 수학적으로는 **초기 조건에 대한 민감한 의존성**이라는 것으로 알려져 있다. 그 아이디어는 이렇다. 만약 어떤 주어진 상황을 모델링한 수학 방정식에 아주 조금의 차이를 가진 두 개의 초기 값을 적용한다면 매우 차이가 큰 두 개의 결과를 얻을 것이다. 로렌즈는 1961년 날씨 예측을 위해 컴퓨터 시뮬레이션을 하던 중 이 현상과 처음 마주쳤다. 첫 번째 시뮬레이션에서는 초기 값을 0.506127로 시작했다. 로렌즈는 두 번째 시뮬레이션에는 반올림한 0.506을 손으로 직접 입력했다. 당시에는 누구도 그런 작은 차이가 결과에 그리 큰 영향을 미칠 것이라고는 생각하지 않았다. 하지만 로렌즈는 그것이 엄청난 예측의 차이로 이어진다는 것을 알게 되었다.

초기 조건에 대한 민감도는 이제 수학적 카오스가 갖는 한 특징이다. 그리고 기상을 모델링하는 복잡한 방정식에서만 나타나는 것이 아니다. 앞서 8.1에서 소개한 단순한 로지스틱맵 같은 것에서도 나비효과를 나타낼 수 있다.

로렌즈는 처음에는 '갈매기'가 폭풍을 일으키는 이미지를 선호했지만, 필립 메릴리스(Philip Merilees)가 1972년 논문의 제목을 '나비'로 추천한 후 그렇게 바꿨다.

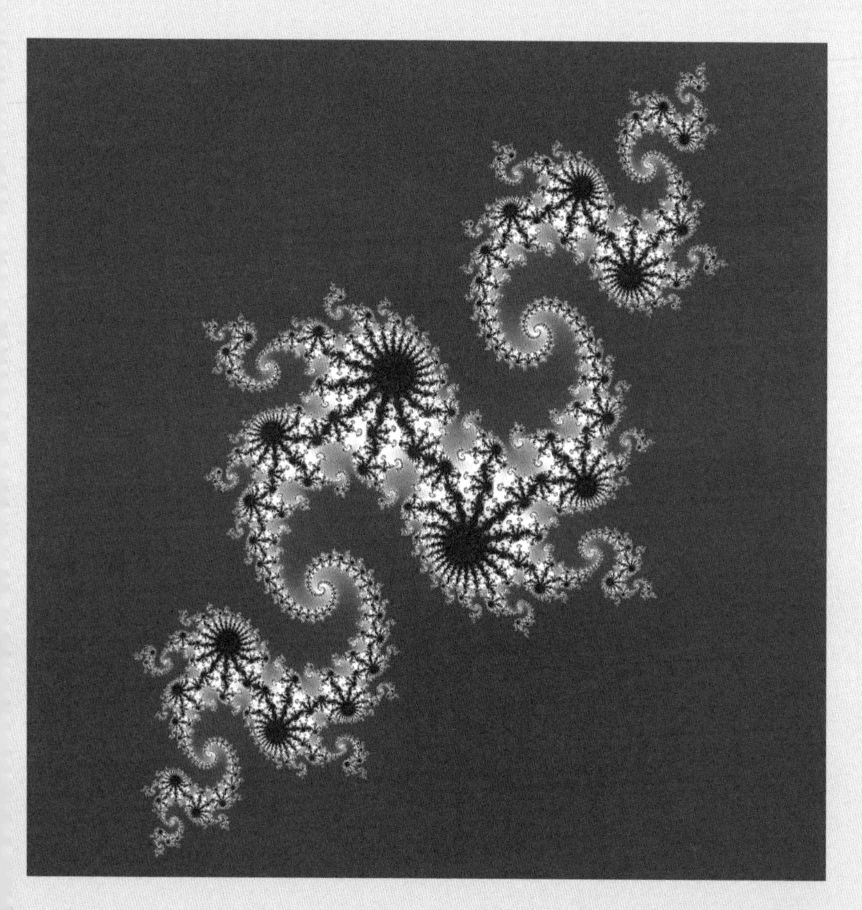

줄리아 집합(Julia set)*을 보여주는 그림. 로지스틱맵 종류와 밀접하게 연관된 동역학계에서 발생한다. 이 동역학은 복잡한 형상(complex shape)의 가장자리에서 그 형상이 되반복되는 나비효과를 보여준다.

* 가스통 줄리아가 고안한 프랙털의 일종으로 무한히 반복되는 형상을 유한한 공간상에 축소해놓은 것일 뿐이다.

8.5 카오스

수학적 카오스란 에드워드 로렌즈가 말한 바와 같다. 즉 "현재는 미래를 결정하지만, 대강의 현재는 대략의 미래를 결정하지 않는다."

동역학계의 카오스를 수학적으로 말한다는 것은 보통 그 시스템이 초기 조건에 대한 민감한 의존성(8.4 참조)을 나타낸다는 의미다. 즉 초기 조건(예를 들면 오늘의 날씨)의 아주 작은 변화가 다음 단계(다음 달의 날씨)에 엄청난 차이를 지닌 결과로 연결될 수 있다.

카오스가 왜 재미있는지를 이해하려면 그것이 완전한 **결정계**(deterministic systems)*, 즉 변화의 가능성이 전혀 없는 시스템에서 일어날 수 있다는 것을 알아야 한다. 예를 들어 물리학 법칙을 잘 알고 있는 사람이라면 당구대 위의 당구공 궤적을 정확히 계산해낼 수 있을 것이다(187쪽 참조). 하지만 실제 세계에서 그 공은 물리학 수업에서 상상하던 이상적인 점이 아니다. 실제로는 초기 조건(공의 위치와 그것을 치는 힘)을 100% 정확히 정의할 수가 없을 것이다. 극히 작은 비정확성도 눈덩이 불어나듯 지나치게 커질 수 있으므로, 이것은 우리의 계산된 궤적과 실제 궤적이 결국 엄청난 차이로 벌어질 수 있다는 의미다. 결정계도 예측이 불가능할 수 있는 것이다. 즉 완전한 질서도 카오스를 일으킬 수 있다.

수학적 카오스는 우리가 날씨나 주식시장 같은 숱한 실제 현상과 마주해 그 결과를 예측하기가 왜 그리 힘든지 그 이유를 보여주는 한 사례다.

수학자들은 1960년대가 되어서야 컴퓨터의 탄생과 함께 카오스를 완전히 이해하기 시작했다.

* 뉴턴의 운동 방정식과 같이 시스템의 시간적 변화를 기술하는 식이 주어지고 초기 조건에 의해 미래가 완전히 결정지어지는 시스템.

이중진자(Double Pendulum)는 혼돈스러운 움직임의 놀라운 실제 예시를 제공하는데, 위 그림은 마이클 G. 데버루(Michael G. Devereux)가 진자의 끝에 LED를 매달아 사진을 찍은 것이다.

8.6 날씨 예측

내일 우산이 필요할지를 알려면 카오스와 씨름해야 한다.

날씨는 대기와 바다, 태양으로부터 생긴 에너지의 복잡한 상호작용의 결과다. 열역학 법칙과 나비에스토크스 방정식(8.10 참조)을 사용해 그 상호작용을 설명한 복잡한 수학모델로 날씨를 예측한다. 하지만 이들 날씨 예측 모델은 다루기가 매우 어렵다. 시작 조건의 작은 차이가 뜻밖의 예측 결과를 낳을 수 있기 때문이다(8.4 참조). 초기 조건을 정확히 측정해 날씨 예측 모델이 예측을 시작하는 순간 입력하는 것이 현실적으로 불가능하므로 날씨 예측 모델을 다루기가 어렵다는 것은 더 분명해진다.

대신에 예측가들은 지구 표면의 3차원 그리드 위 한 지점에서의 온도와 바람과 기압 등 매개변수들의 측정값을 가지고 시작한다. 이들이 모델의 시작점으로 사용되어 상당한 시간 이후의 미래 날씨를 시뮬레이션한다. 초기 조건에 대한 민감도를 극복하고자 모델은 날씨를 여러 번 시뮬레이션하는데 그때마다 조금씩 다른 시작 조건으로 시뮬레이션한다. 이 앙상블 예측(ensemble forecast)이 다른 예측의 가능성을 다시 예측한다. 만약 시뮬레이션의 30%가 내일 비가 오리라고 예측한다면 앙상블 예측은 비 올 확률이 30%다.

날씨 예측에 사용되는 슈퍼컴퓨터는 초당 1만 6,000조 개 이상의 계산을 수행할 수 있다.

기상도 작성하기

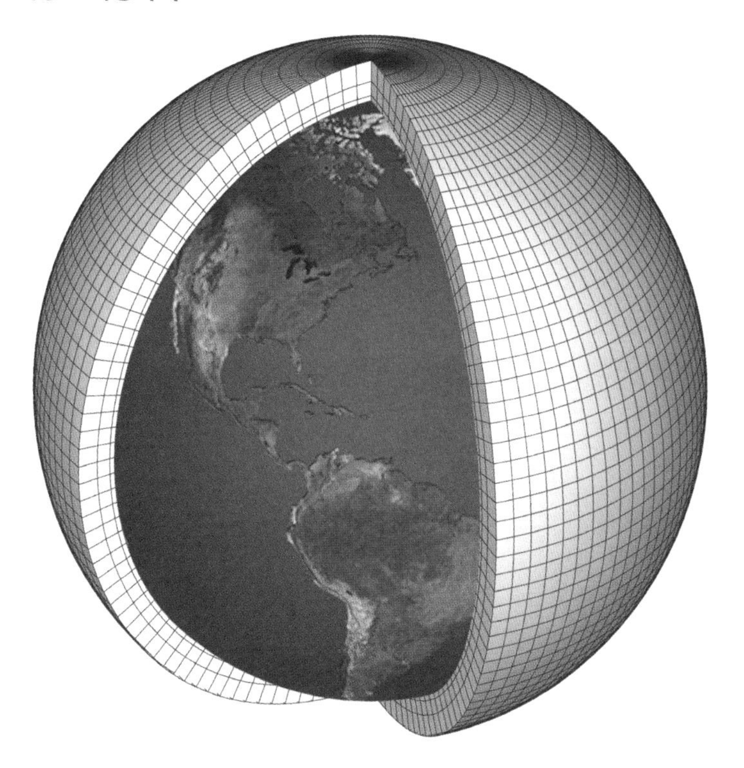

날씨 예측에 사용되는 모델은 지구 위의 3차원 그리드를 바탕으로 한다. 날씨 예측 모델에서는 그리드 공간의 크기가 중요한데 인구 밀집 지역에서는 그리드 공간이 더 작고 그 외 지역에서는 더 크다.

8.7 망델브로 집합

망델브로 집합은 놀라운 구조다. 아무리 가까이 들여다봐도 그 윤곽은 이전에 보이던 것처럼 주름져 있다.

망델브로 집합은 1970년대에 이것과 함께 다른 많은 프랙털을 찾아낸 브누아 망델브로(Benoit Mandelbrot, 1924~2010)의 이름을 따라 명명되었다.

망델브로 집합은 프랙털(10.3 참조)의 한 예이며 수학적 의미가 깊다. 임의의 복소수 p와 이를 끌개로 하는 방정식 $D(p)$가 있다고 하자. p값을 변화시키면서 $D(p)$를 반복계산하여 그 결과 값을 평면 위에 점으로 표시하면 그 점의 궤적은 한정되거나 발산하는 두 가지 행태를 보인다. 이 두 행태의 차이는 p로부터 비롯되는데, 만약 p가 망델브로 집합 안에 있으면 $D(p)$의 반복에 따른 점 (0, 0)의 궤적은 평면 위의 어느 유한한 영역으로 한정된다. 만약 p가 망델브로 집합의 원소가 아니면 $D(p)$의 반복에 따른 점 (0, 0)의 궤적은 무한대로 벗어난다. 이 간단한 이분법이 무한히 복잡한 망델브로 집합을 정의하는 것이다. $D(p)$의 궤적을 한정시키는 망델브로 집합의 각 점 p의 위치를 평면 위에 표시하면 195쪽의 동그란 모양의 형태를 만들어낸다.

망델브로 집합 중앙의 원형 영역 안에 해당하는 동역학계 $D(p)$는 모두 끌개(8.2와 8.3 참조)이기도 한 하나의 고정점을 갖는다. 중앙 부분에 붙어 있는 다른 색 영역에 해당하는 동역학계들은 하나 이상의 값들 사이에서 왔다갔다하는 주기적 끌개를 갖고 있다. 수학자들은 동역학계가 주기적 끌개를 갖는 것이 중앙 부분에 붙어 있는 다른색 영역이 아니라 망델브로 집합을 구성하는 모든 색의 영역에 대해서라고 믿는다. 하지만 아직까지 아무도 이를 증명하지 못했다. 이것은 동역학계 이론에서 매우 중요한 미해결 과제로 남아 있다.

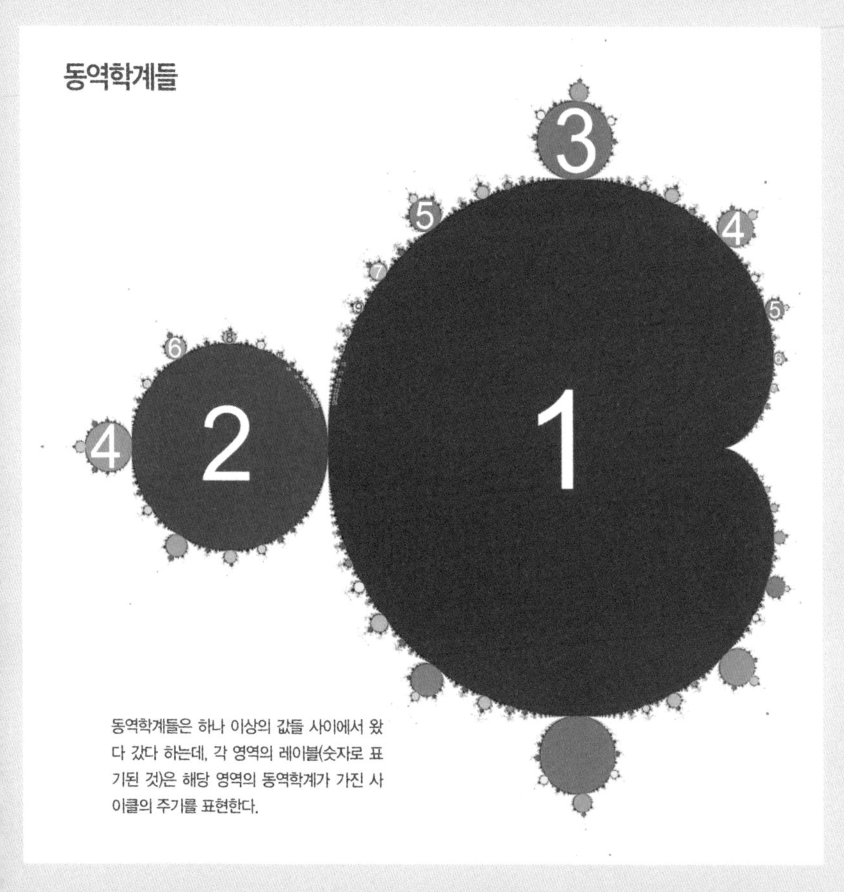

동역학계들은 하나 이상의 값들 사이에서 왔다 갔다 하는데, 각 영역의 레이블(숫자로 표기된 것)은 해당 영역의 동역학계가 가진 사이클의 주기를 표현한다.

위 그림에서의 색으로 칠해진 영역은 모두 점을 찍어서 만들어졌으며, 각 점은 복소수 p를 나타내고, 복소수 p는 동역학계 $D(p)$를 정의한다(194쪽 설명 참조). 망델브로 집합은 동역학계 $D(p)$의 행태에 의해 정해진다.

8.8 삼체 문제

17세기에 아이작 뉴턴이 중력에 대해 설명했을 때 그 또한 자기도 모르게 카오스의 첫 사례를 발견한 셈이다.

물체(예컨대 태양과 그 주위를 도는 지구)의 궤도를 정확히 묘사하고자 이들 두 개의 거대한 물체에 대해 뉴턴의 방정식을 푸는 것은 가능하다. 하지만 그들 사이에 세 번째 물체를 집어넣으면 문제가 생긴다.

세 거대물체들 사이에 작용하는 중력은 서로 영향을 끼치며 복잡성을 만들어내고 어떠한 일반식도 이들의 궤도를 항상 정확히 묘사할 수는 없다. 사실 이런 삼체 시스템은 혼돈을 야기할 수 있다.

하지만 만약 세 번째 물체의 중력이 다른 두 개에 대해 미치는 영향이 무시할 정도라면, 그 정도로 다른 두 개에 비해 크기가 작다면, 그 작은 세 번째 물체가 다른 두 개의 큰 물체에 상대적으로 고정된 위치에 머무르는 특별한 경우에 대해 삼체 궤도를 설명할 수 있다.

특별한 삼체의 첫 사례는 유명한 18세기 수학자 레온하르트 오일러가 발견했는데, 두 개의 거대물체를 지나는 직선상의 세 점에 놓여 있는 작은 세 번째 물체의 궤도를 묘사한다. 거의 동시에 이들 세 점을 조제프루이 라그랑주(Joseph-Louis Lagrange, 1736~1813)도 발견했다. 그는 세 번째의 작은 물체를 위치시키는 두 개의 지점을 더 찾아냈는데, 그 점들은 두 거대물체와 이등변삼각형을 이루는 세 번째 모서리다.

뉴턴은 삼체 운동에 대한 정확한 해법은 "모든 인간의 지적 힘을 벗어난다"라고 말했다.

라그랑주 점

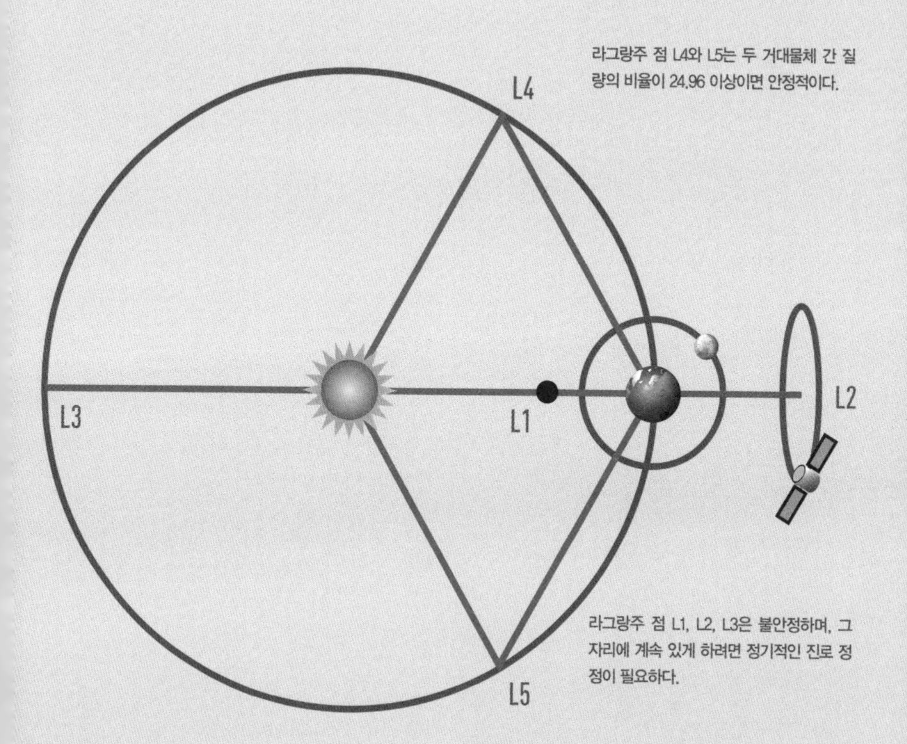

천문학자들은 라그랑주 점을 우주 관측에 사용했다. 소호(SOHO) 위성은 태양과 L1을 관측하며, 플랑크(Planck) 위성은 L2로부터 심우주를 관측한다.

8.9 미분 방정식

우리 주위 세상에 대한 과학적 서술은 언제나 우리가 속도, 방향, 힘, 에너지의 변화에 얼마나 관심이 있는지를 나타낸다.

만약 빌딩 꼭대기에서 공을 떨어트리면 10초 후에는 얼마나 빨리 떨어지고 있을까? 이 질문에 답하려면 **미분 방정식**을 풀어야 하는데, 미분 방정식이란 관심을 갖는 값의 변화가 주어진 변수에 대해 어떻게 달라지는가를 구하는 것이다. 위의 경우 미분 방정식은 공의 속도가 시간에 대해 어떻게 변화하는가를 설명한다.

공기저항과 같은 복잡한 문제를 무시한다면, 낙하하는 물체의 속도 변화율은 바로 그것의 중력에 대한 가속도, 즉 초당 9.8m라는 것을 알 수 있다. 따라서 미분방정식은,

$v'(t)=9.8$

여기서 $v'(t)$는 시간에 대한 물체의 속도 변화율이다.

미분 방정식에 대한 해는 수가 아니라 함수다. 이 경우에는 시간 t에서 물체의 속도를 설명하는 함수 $v'(t)$다. 이와 같은 단순한 미분 방정식에는 해를 찾는 표준적인 방법이 있다(위 사례의 해는 $v'(t)=9.8t$이며, 따라서 t=10초 후 공은 초당 98m 속도로 떨어지고 있다). 하지만 훨씬 더 복잡한 미분 방정식을 푸는 알려진 방법은 없다.

미분 방정식은 뉴턴이 세 개 또는 그 이상의 물체(8.8 참조)의 중력궤도에 대한 연구에 처음 활용했다.

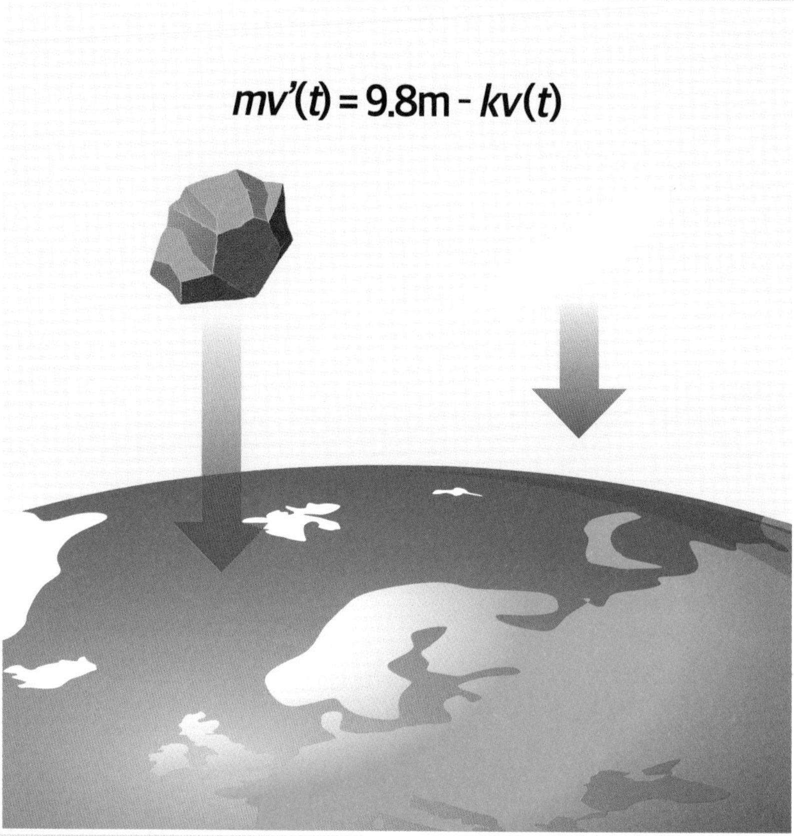

$$mv'(t) = 9.8m - kv(t)$$

낙하하는 물체의 좀 더 현실적인 모델은 그 물체에 대한 공기의 저항(위 식에서 상수 k)과 질량(상수 m)을 포함하는 미분 방정식일 것이다. 이 모델은 모든 물체가 같은 속도로 낙하하지는 않는다는 사실을 설명한다.

8.10 나비에스토크스 방정식

요동치며 내려가는 강의 흐름에서 카오스를 관찰할 수 있다.

젓가락 두 개를 서로 가까이 놓고 강가에서 떨어뜨려보자. 둘은 매우 다른 경로를 따라 하류에 닿을 것이다. 모든 액체의 흐름은 그 동요가 격심하건 잠잠하건 간에 **나비에스토크스(Navier-Stokes) 방정식**으로 알려진 방정식을 따른다. 이들은 속도(세 방향에서 측정된)와 압력 그리고 액체의 점도 변화가 서로 어떻게 관련되는지를 설명하는 미분 방정식이다(8.9 참조).

나비에스토크스 방정식은 앞서 8.9에서 다룬 사례보다 훨씬 더 복잡하다. 단 하나의 변수(시간과 같은)에 의존하는 미분 방정식을 **상미분 방정식**이라 부른다. 나비에스토크스 방정식에서는 시간에서만 변화가 일어나는 게 아니라 공간에서의 위치에 대한 속도와 압력 그리고 점도의 변화가 있다. 한 개보다 많은 변수를 가진 미분 방정식을 **편미분 방정식**이라 부른다.

이 방정식에 대한 해는 시간과 공간의 각 지점에서 속도와 압력에 대한 방정식을 세울 수 있음을 의미한다. 많은 복잡한 미분 방정식에서와 같이 아무도 가장 일반적인 형태에서의 나비에스토크스 방정식에 대한 해를 가진 공식을 알지 못한다. 더 나아가 우리는 해가 있는지, 특히 이 방정식이 설명하는 액체의 물리적 현실성 측면에서 이해되는 해가 있는지조차 모른다.

나비에스토크스 방정식에 관한 질문들의 답을 찾으면 100만 달러를 벌 수 있다.

나비에스토크스 방정식은 속도(공간의 세 축 x, y, z의 방향에서 각각 측정된 속도 u, v, w) 변화가 압력 변화(P)와 액체의 점도 변화(Re)와 어떤 관계를 갖는지 설명해준다.

논리

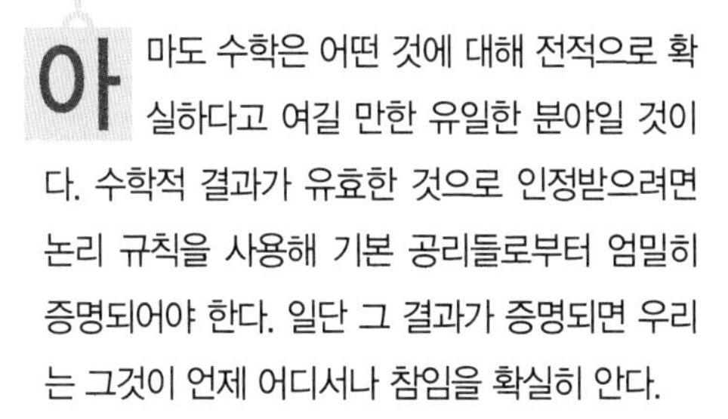

아마도 수학은 어떤 것에 대해 전적으로 확실하다고 여길 만한 유일한 분야일 것이다. 수학적 결과가 유효한 것으로 인정받으려면 논리 규칙을 사용해 기본 공리들로부터 엄밀히 증명되어야 한다. 일단 그 결과가 증명되면 우리는 그것이 언제 어디서나 참임을 확실히 안다.

이 장에서 우리는 수학적 참의 개념을 알게 된다. 우리는 논리 규칙들과 수학은 엄밀한 공리, 곧 별도의 증명이 필요 없고 아무도 의심하지 않는 자명한 사실을 토대로 해야 한다는 생각을 살펴볼 것이다. 또한 모든 것이 참이거나 거짓인 세상에서 복잡한 명제가 과연 참인지를 진리표(truth tables)로 평가하는 방식과 기저의 참/거짓 논리가 현대의 컴퓨터에 동력을 제공하는 방식도 찾아볼 것이다.

어떤 것들을 증명하는 가장 중요한 방법 두 가지, 즉 '모순에 이르는 가정은 반드시 거짓이다'라는 모순에 의한 증명, 무한대로 많은 명제를 일일이 하나씩 다루지 않고 한꺼번에 증명이 가능하도록 해주는 귀납적 증명을 살펴본다. 아울러 지난 1,000년간 인간 두뇌의 특권이었던 수학적 증명이 오늘날에는 어떻게 컴퓨터에 의해 수행되고 있는지를 알아볼 것이다.

그리고 수학이 모든 것을 잘 마무리 지었다고 우리가 생각할 때, 수학에서조차 반드시 참이거나 거짓이 아닌 것을 내포하는 일이 생긴다. 여기에 그 드라마틱한 결과를 소개할 것이다. 어떤 의미에서 수학은 의견이 분분한 문제다.

차례
9.1 논리 규칙
9.2 공리체계
9.3 페아노 공리
9.4 진리표
9.5 불 대수
9.6 귀납적 증명
9.7 모순에 의한 증명
9.8 컴퓨터 증명
9.9 괴델의 불완전성 정리
9.10 어떤 공리들?

9.1 논리 규칙

진실을 얻기란 힘들다는 것을 우리 모두 알고 있다. 하지만 항상, 그리고 가장 확실하게 참인 명제가 있을까?

철학자들은 수천 년간 이 문제를 고민해왔으며 고전적 사유 법칙이라고 알려진 다음 세 가지 생각을 내놓았다.

첫째는 "각 사물은 그 자체"로 표현될 수 있다는 동일원리률(law of identity)이다.

둘째는 "'A이다'와 'A는 아니다'라는 것은 동시에 성립할 수 없다"라고 표현될 수 있는 비모순원리(law of noncontradiction)다. 즉 어떤 것은 고양이이거나 고양이가 아니다. 당신은 커피 한 잔을 원하거나 원하지 않는다. 이 법칙은 논쟁의 여지 없이 우리가 마주치는 대부분의 경우에 대해 참이다.

셋째는 "모든 것은 참이 아니면 거짓이어야 한다"라고 표현되는 배중원리(law of excluded middle)다. 둘째 법칙이 그 어떤 것도 참과 거짓 양쪽에 다 걸쳐 있을 수 없다고 말하고 있다면, 셋째 법칙은 그 어떤 것도 참과 거짓 중 어느 하나일 수밖에 없다고 말한다.

이 세 가지 법칙은 **논리 규칙**으로 바뀔 수 있다. 예를 들면 어떤 명제 'A'("지구는 둥글다")와 그 부정인 'A가 아님'("지구는 둥글지 않다")에 대해, 첫째 법칙은 A=A를 의미한다. 둘째 법칙은 두 명제 'A'와 'A가 아님'은 동시에 참일 수 없음을 의미한다. 그리고 셋째 법칙은 명제 'A'와 'A가 아님' 중 하나는 반드시 참이어야 함을 의미한다.

세 가지 법칙은 고대 그리스로 거슬러 올라가는데, 철학자들은 오늘날에도 이 세 가지 법칙에 대한 논쟁을 멈추지 않고 있다.

라파엘(Raphael)의 그림 〈아테네 학당(The School of Athens)〉의 윗부분은 세 가지 사유 법칙을 수립하는 데 중요한 역할을 한 플라톤(왼쪽)과 아리스토텔레스(오른쪽)를 보여준다.

9.2 공리체계

이상적으로 보자면 수학은 몇 개의 공리로 요약되는데, 이때 그 공리란 다른 모든 수학적 사실을 논리적으로 유도하는 데 시작점으로 사용되는 자명한 사실을 말한다.

평면기하학에서의 유클리드의 공리는(2.6 참조) 컴퍼스와 직선자만을 가지고 평면 위에 가능한 한 모든 기본구조물을 나타냈다. 모든 유클리드 기하학은 이들 기본 **공리**(axiom)에 기초한 구조물로 압축될 수 있다.

하지만 우리가 이미 살펴본 바와 같이, 유클리드의 공리는 근본적 사실이라기보다는 근본적 제약이다. 즉 세 번째 공리는 수정되어 새로운 기하학을 만들어낼 수 있다. 구면기하학과 쌍곡기하학은 처음 네 개의 공리를 기반으로 만들어졌지만, 다섯 번째 공리는 그렇지 않다.

이런 점은 유용한 **공리체계**의 특성을 보여준다. 그 공리들은 증명이나 시연 없이 받아들일 수 있다. 어떤 공리도 다른 공리들의 조합으로부터 유도되지 않는다. 모름지기 공리란 일관성이 있어야 하고 상호 모순되지 않아야 한다. 공리는 가능한 한 가장 작은 집합이어야 하지만, 수학적으로 흥미로운 시스템을 만들어야 한다.

공리체계는 필요하다. 왜냐하면 그 체계 안에서 객체들에 대해 우리가 아는 결과가 참이라는 것을 증명할 논리 규칙을 이용할 수 있도록 해주기 때문이다. 공리체계는 논거에 숨겨진 가정과 허점을 배제한다.

공리는 또한 우리의 체계에 속해 있는 객체들의 주요 속성을 드러낸다.

종이접기의 공리들

수학자들은 종이접기에서 직선으로 접어 만드는 것이 가능한 구조를 설명하고자 일곱 개의 공리를 수립했다. 이는 유클리드의 공리보다 더 강력하다.

9.3 페아노 공리

공리체계가 어떻게
작용하는지를 알려면
자연수와 그 산술의 기본
사례를 생각해보라.

자연수에 대한 개념이 없는 외계인이 있다고 가정해보자. 이제 누군가가 그 외계인에게 다음 네 가지 규칙을 제시한다.

- 0은 자연수다.
- 모든 자연수는 후자(後者)를 갖는다.
- 어떤 자연수도 0을 후자로 갖지 않는다.
- 별개의 자연수들은 별개의 후자들을 갖는다.

이들 네 개의 공리는 모든 자연수를 정의한다. 즉 1은 0의 후자이고, 2는 1의 후자이며…… 이런 식으로 계속된다. 또한 이 공리들은 더하기를 정의한다. 7+2는 '수 7을 택해 그 후자 리스트에서 두 단계 올라가기'를 의미한다. 더하기에서 곱하기를 얻을 수 있다(반복된 더하기). 그런 후 더하기와 곱하기(자연수 내에서 가능한)를 역으로 수행함으로써 빼기와 나누기도 정의할 수 있다. 따라서 이 공리들은 자연수와 그 산술을 정의할 능력이 있다.

이들 네 개의 공리는 1889년 이탈리아의 수학자 주세페 페아노(Giuseppe Peano, 1858~1932)가 수립한 것이다. 그는 여기에 다섯 번째 공리를 포함시켰다. 즉 "어떤 속성이 0에 대해 적용된다고 가정하고, 또 이 속성이 다른 자연수에 대해 적용된다는 것을 증명할 수 있다면 그 자연수의 후자에 대해서도 적용된다. 그러면 그 속성은 모든 자연수에 대해 적용된다." 이 공리는 모든 자연수(무한히 많더라도)에 대한 사실들을 귀납적 증명(9.6 참조)의 방식으로 증명할 수 있게 한다.

6

자연수와 그 산술에 관한 많은 사실이 페아노 공리에서 유도될 수 있다.

페아노 공리는 자연수에 대한 개념이 없는 외계인도 더하기와 그에 대한 증명을 할 수 있게 해준다.

9.4 진리표

세 개의 간단한 단어 NOT, AND, OR는 전체 논리체계를 제공하기에 충분하다.

만약 어떤 명제 A가 참이면(예를 들어 "나는 커피 한 잔을 원한다"), 이 명제에 대한 부정 NOT A("나는 커피 한 잔을 원하지 않는다")는 거짓이다. 그게 아니라, 만약 A가 거짓이면 NOT A는 참이다. 우리는 **진리표**(213쪽 표 1 참조)에서 NOT 연산의 영향을 요약할 수 있다.

또한 두 논리명제를 결합해 세 번째 명제, 즉 합성명제를 만들 수 있다. 만약 명제 A가 참인 것을 안다면(커피에 대한 나 자신의 욕구 같은), 명제 B가 무엇이든지 'A OR B'는 참인 것을 안다. 예를 들어 만약 내가 커피를 원한다면 명제 "(나는 커피를 원한다) OR (나는 케이크를 원한다)"는 항상 참이다. OR 명제가 거짓이 될 수 있는 단 한 가지 방법은 성분 A와 B 모두가 거짓이 되는 것이다(표2 참조).

다른 합성명제는 AND 연산자를 사용한다. AND 명제가 참이려면 성분 A와 B가 모두 참이어야 한다(표3 참조).

그리고 이들 세 개의 단순연산자(NOT, AND, OR)들로 더 많은 복잡한 명제들을 수립할 수 있으며 진리표를 이용해 참과 거짓을 알아낼 수 있다.

현대의 컴퓨팅은 이진 논리(binary logic)에 기반하며, 그 안에서 모든 명제는 참 또는 거짓이다.

표 1: NOT

A	NOT A
참	거짓
거짓	참

표 2: OR

A	B	A OR B
참	참	참
거짓	거짓	참
거짓	참	참
거짓	거짓	거짓

표 3: AND

A	B	A AND B
참	참	참
참	거짓	거짓
거짓	참	거짓
거짓	거짓	거짓

진리표는 합성명제가, 예컨대 "나는 커피를 원한다(A) OR 나는 케이크를 원한다(B)"가 언제 참인지 아니면 거짓인지를 알려줄 수 있다. 그래서 모닝커피를 더 쉽게 준비할 수 있게 한다.

9.5 불 대수

두 명의 수학자가 100년을 사이에 두고 컴퓨터 및 디지털 세계를 떠받치는 언어를 만들어냈다.

1854년, 수학자 조지 불(George Boole, 1815~1864)은 논리를 명제와 AND, OR, NOT(9.4 참조) 같은 연산자를 사용한 논리 기술에서 새로운 형태의 대수로 놀라운 도약을 이루었다. 이름하여 **불 대수**(Boolean algebra)인데 여기서 변수는 거짓이면 0의 값을, 참이면 1의 값을 갖는다.

OR는 새로운 형태의 더하기를 사용해 다음과 같이 기술된다.
규칙은 0+0=0, 0+1=1+0=1+1=1.

AND는 곱셈 형태를 사용해 다음과 같이 기술된다.
0×0=1×0=0×1=0, 1×1=1.

NOT은 변수의 값을 서로 교환한다. 즉 만약 P=1이면, NOT P는 P′로 기술하며 값은 0이고, 반대의 경우도 마찬가지다. 논리연산을 대수로 고치면 여러 개의 진리표로 작업함으로써 지루해질 수 있는 매우 복잡한 명제들이 단 몇 줄로 해결될 수 있다.

1930년대에 클로드 섀넌(Claude Shannon, 1916~2001)은 놀라운 도약을 이루었다. 그는 전화교환기에 사용된 복잡한 회로가 불 대수의 물리적 형체일 수 있음을 깨달았다. 그 회로는 두 개의 값을 갖는 것이다. 즉 회로는 (1의 값을 갖고) 폐쇄되었거나 (0의 값을 갖고) 개방되었다. 스위치의 배열은 불 대수에서 더하기, 곱하기, 부정과 같은 방식으로, 즉 OR, AND, NOT 연산자와 똑같은 연산을 수행했다.

섀넌은 모든 정보가 일련의 0 또는 1의 값을 갖는 'bit'로 나타낼 수 있음을 깨달았다.

회로의 단순화

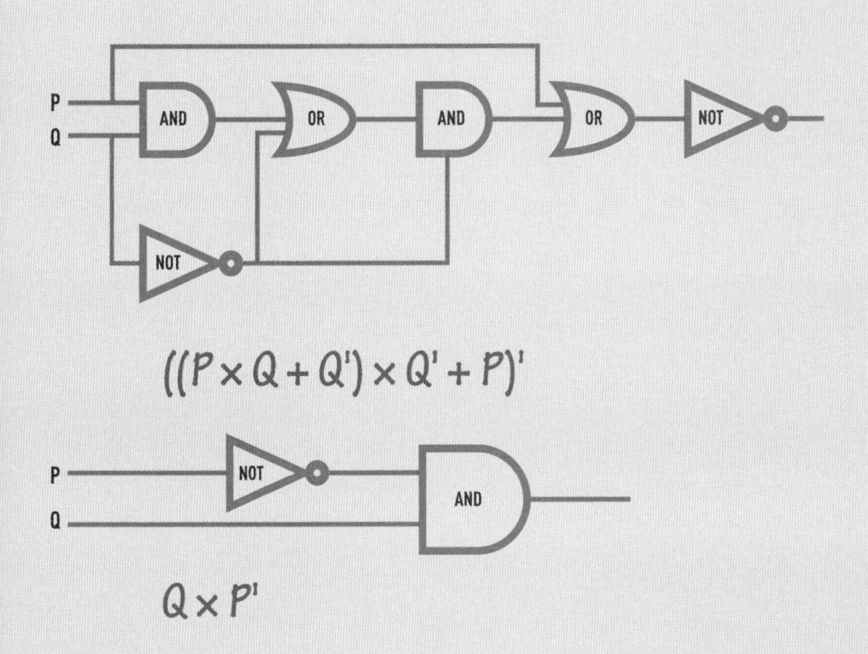

[(P×Q+Q')×Q'+P]'에 해당하는 복잡한 회로가 불 대수 덕분에 Q×P'라고 쓸 수 있는 훨씬 간단한 회로로 단순화될 수 있음이 증명된다.

9.6 귀납적 증명

자연수는 무한히 많은데, 무언가가 모든 자연수에 대해 참이라는 것을 어떻게 증명할 수 있을까?

귀납적 증명을 '쓰러지기 위해 서 있는 도미노의 줄'이라 생각하자. 당신이 1에서 n까지의 자연수의 합이 $\frac{n(n+1)}{2}$와 같다는 것을 보이기를 원한다고 가정하자. 첫째 도미노인 1에 대해 그것이 참이라는 것을 알 수 있다. n=1이면 그 합은 1이고 그 값은,

$$\frac{n(n+1)}{2} = 1 \times \frac{(1+1)}{2} = 1.$$

우리가 자연수의 시작에서 일단 그 명제의 참을 성립시켰다면, 이제 도미노를 늘어세울 필요가 있다. 하나의 도미노는 그다음 도미노 위로 넘어질 것이므로, 만약 그 명제가 어떤 수들에서 참이면 n 또한 그 명제가 n+1에 대해 참임을 내포한다. 위 사례에 대해, 그 명제가 n에 대해 참이라는 가정은 다음을 성립시킨다.

$$(1+\ldots+n) + (n+1) = \frac{n(n+1)}{2} + (n+1).$$

이것을 우리는 간단히 재정렬해 그 명제가 n+1에 대해 참이라는 것을 보일 수 있다.

$$1+\ldots+n+n+1 = \frac{(n+1)(n+2)}{2}$$

만약 어떤 명제가 n번째 도미노에 대해 참인 것이 그 명제가 $(n+1)$번째 도미노에서도 참인 것을 의미한다면, 첫째 도미노를 쓰러뜨리는 것이 각 도미노가 그 뒤의 도미노 위로 넘어지는 것을 초래할 것이고, 이는 모든 자연수에 대해 그 명제가 참이라는 것을 보여준다.

고대 그리스의 철학자 플라톤은 귀납적 증명을 최초로 사용한 사람 중 하나다. 그는 기원전 370년에 《파르메니데스(Parmenides)》라는 책에서 귀납적 증명을 선보였다.

귀납적 증명은 하나의 도미노가 그다음 도미노 위로 넘어지는 한 줄의 도미노와 유사하다.

9.7 모순에 의한 증명

만약 주어진 가정이 모순을 내포한다면 그 가정 자체는 틀림없이 모순이다.

무한히 많은 소수가 있음을 증명해보자. 그런데 이때 그 반대가 참이라는 가정에서 출발하자. 소수의 수는 유한하다. 그러면 그것들을 순서대로 나열해서 P_1, P_2, P_3 등으로 아마 가장 큰 소수인 P_n까지 이름을 붙일 수 있을 것이다. 이제 모든 소수를 곱한 후 여기에 1을 더한 수 E를 고려해보자.

$$E=P_1 \times P_2 \times P_3 \times \ldots \times P_n +1.$$

수 E는 우리가 나열한 모든 소수보다 크고, 나열된 것은 모든 소수를 포함해야 하므로, 이것은 E 자신은 소수일 수 없음을 의미한다. 하지만 산술의 기본 정리(1.5 참조)에서 알 수 있듯이 E는 소수들의 곱으로 나타낼 수 있다. 위 소수나열은 모든 소수를 포함하므로 E의 각 소인수는 우리가 나열한 소수 중 하나일 것이다. 하지만 위 공식에서 우리는 E를 나열된 소수 어떤 것으로 나누더라도 1이 남는다는 것을 알 수 있다. 따라서 우리가 나열한 소수는 모든 소수를 포함하지 않는다. 이것은 모순이다.

따라서 소수의 수는 유한하다는 가정은 거짓이 되어야 한다. 따라서 소수의 수는 무한하다.

고대 그리스의 수학자 유클리드는 기원전 300년경에 이러한 증명 이론을 만들었다.

배중원리

모순에 의한 증명, 즉 귀류법(reductio ad absurdum)이라고도 알려진 이 증명 방식은 배중원리(9.1 참조)에 의존하며, 이는 만약 어떤 것이 거짓이면 그 반대는 참이어야 한다는 뜻이다.

9.8 컴퓨터 증명

수학적 증명이 인간의 두뇌가 아니라 컴퓨터의 두뇌에 의해 이루어지더라도 그 증명은 여전히 유효할까?

지난 수천 년간 수학적 증명들은 검증되는 체계를 정의하는 공리들로부터 일련의 논리적 단계들로 유도될 수 있는 어떤 것이라고 생각되어왔다. 이것은 엄청나게 긴 증명을 만들어내지만(7.10의 **유한단순그룹 분류**와 3.10에서 페르마의 마지막 정리에 대한 앤드루 와일즈의 증명과 같이), 이론적으로는 사람이 증명의 처음부터 끝까지를 이해할 수 있다.

1976년 케네스 아펠(Kenneth Appel, 1932~2013)과 볼프강 하켄(Wolfgang Haken, 1928~)이 4색 정리(four colour theorem: "모든 평면 지도는 네 가지 색만 사용해 서로 인접한 두 나라가 다른 색으로 구별되도록 색칠할 수 있다")를 증명하면서, 앞서 말한 증명 개념에 대한 도전이 일어났다. 그들은 고전적 증명 방법을 이용한 탓에 증명해야 할 과제는 여러 개의 특별한 사례로 한정될 수밖에 없었다. 하지만 이후 각각의 사례들을 점검하는 몇몇 부분적 증명에는 막강한 컴퓨터 계산에 의존하게 되었다. 그 당시 많은 수학자는 그런 방식은 전혀 증명이 아니라고 주장했다. 그 수학자들은 증명이 맞는지 확인하고자 컴퓨터 프로그램의 각 단계를 점검할 수도 있었겠지만, 어느 누구도 컴퓨터의 계산 하나하나를 점검하기는 불가능했다. 인간이 그렇게 컴퓨터의 계산을 일일이 점검할 수 있다면 처음부터 컴퓨터를 필요로 하지도 않았을 것이다.

컴퓨터 증명은 이제 실험과 비슷하게, 즉 또 하나의 방법으로 취급된다. 즉 검증이 되고 그 결과가 똑같이 반복된다면 인정된다.

수학자들은 이제 자신들의 중요한 수학적 결과를 증명할 때도 컴퓨터에 의존해야 한다는 것이 밝혀졌기 때문에 더는 컴퓨터 증명을 무시할 수 없게 되었다.

1998년 토머스 헤일스(Thomas Hales)는 오렌지를 쌓는 방법 중에는 청과물 장수가 쓰는 방식이 가장 효율적일 것이라는 케플러의 1609년 추정을 컴퓨터를 이용해 증명했다.

9.9 괴델의 불완전성 정리

수학에서는 모든 것이 참 또는 거짓이다…… 또는 과연 그럴까?

시대를 통틀어 수학은 다른 여러 분야, 곧 기하학, 대수, 미적분 등등이 뒤범벅된 것이었다. 이에 따라 20세기 초반의 수학자들은 이 뒤범벅된 상황을 좀 정리할 필요가 있겠다는 결정을 내렸다. 그들의 목적은 모든 수학을 명백한 공리들의 집합 위에 세우고 거기에 모순이 없음을 보여주는 것이었다.

하지만 1930년대에, 호주의 수학자 쿠르트 괴델(Kurt Gödel, 1906~1978)이 이러한 공리의 꿈을 산산이 깨뜨리는 폭탄을 던졌다. 우리가 자연수와 그 산술을 가진 형식공리체계(formal axiomatic system)를 갖고 있다고 가정하자. 괴델은 그 체계 안에서 **정할**(formulate) 수 있는 수들에 대한 명제는 항상 존재하지만, 그 공리들로부터 참인지 또는 거짓인지를 증명할 수는 없음을 증명했다.

만약 우리가 형식체계(formal system) 안에서 그런 **결정불가능성 명제**를 우연히 찾아내고 그것이 참일 것이라 생각한다면, 당연히 우리는 그것을 참이라 선언하고, 그 선언을 우리의 공리들 속에 추가로 할 것이다. 하지만 **괴델의 불완전성 정리**는 이것이 모순을 낳거나 또는 다른 결정불가능성 명제들을 남게 할 것이라는 점을 내포한다. 우리가 현명하게 공리들을 선택할지라도 항상 결정불가능성 명제들이 존재할 것이라는 이야기다. 명확한 수학적 참이라는 멋진 생각과는 이제 안녕이다.

수학자들이 찾아낸 결정불가능성 명제는 일상의 수학에는 영향을 미치지 않는다.

쿠르트 괴델은 아인슈타인과 절친한 관계였다. 나중에 그는 아인슈타인의 상대성이론을 연구했으며, 이론적으로는 과거로의 시간 여행이 가능한 우주가 있을 수 있음을 밝혔다.

9.10 어떤 공리들?

만약 일련의 모든 공리가 결정불가능성 명제를 만들어낸다면, 수학은 대체 어떤 공리에 기초해야 하는가?

좋은 질문이다. 20세기 초에 수학자들은, 특히 영국의 박식가 버트런드 러셀(Bertrand Russell, 1872~1970)은, 모든 수학적 대상을 어떤 '것들'의 모음으로 나타낼 수 있음을 알았다. 그런 모음을 집합이라 부른다. 따라서 그들은 수학의 공리들을 **집합론**(set theory) 관점에서 표현하려 시도했다. 이러한 기념비적 노력은 알프레드 노스 화이트헤드(Alfred North Whitehead, 1861~1947)와 공동 집필해, 1910년과 1913년 사이에 발간된 러셀의 세 권짜리 책 《수학원리(Principia Mathematica)》에서 마침내 결실을 맺었다. 이 책에서 개발된 장치들은 매우 다루기가 어려운 것이어서 1+1=2가 책의 2권에 가서야 증명되었다. 러셀과 화이트헤드는 이 까다로운 증명 결과에 대해 "이 주장*은 때때로 실용적이다"라고 언급했다.

러셀과 화이트헤드의 체계는 결국 ZFC 공리에 기초한 체계와 **선택공리**(axiom of choice)라 불리는 특별한 규칙으로 대체되었다. ZFC 공리는 언스트 제르멜로(Ernst Zermelo, 1871~1953)와 에이브러햄 프렝켈(Abraham Fraenkel, 1891~1965)의 이름을 따라 명명된 것이다. 수학의 기초를 두고 곤혹스러움을 겪는 수학자들은 대체로 ZFC 공리가 앞으로 나아갈 길이라는 데 동의하는 듯 보인다. 물론 괴델의 결과로 인해(9.9 참조), ZFC 체계 안에도 역시 결정불가능성 명제들이 존재하지만, 수학자들은 적어도 가장 긴급하다고 판단되는 것들을 해결할 추가적 공리들을 찾느라 분주하다.

대부분의 현역 수학자들은 이 기본적인 문제에 관해서는 별로 걱정하지 않거나, 아마 일요일에만 걱정할 것이다.

* '1+1=2'라는 주장.

결정불가능성 명제를 피해 갈 도리는 없다. 그것은 절대 딱 들어맞지 않는 지그소 퍼즐(jigsaw puzzle)과 같다. 결국 우리는 그저 우리 자신의 공리체계를 개발할 수밖에 없다.

무한대

애초 '무한대'라는 개념은 이해할 수 없는 것처럼 보였지만 수학자들의 기세는 꺾이지 않았다. 그들은 지난 1,000년간 무한대를 탐구해왔으며, 가장 알기 힘든 수학적 개념에 대한 이해를 얻을 구체적인 방법을 찾아다녔다.

사실, 다양한 형태의 무한대가 있다. 철학자들은 잠재적 무한대(우리가 생각할 수 있는 가장 큰 자연수와 같이 절대 다다를 수 없는 어떤 과정의 종착점)와, 실제 세상에 존재할 수 있는 실재적 무한대를 구분한다. 보통 실제 세상을 설명하는 과학 이론에서 무한대에 대한 예측은 그 이론이 무너지는 지점을 가리킨다. 하지만 블랙홀같이 어떤 과학자들이 무한대가 실제로 자연에 존재할 수도 있다고 믿는 곳들이 있다. 아마 우리가 무한대의 실제 그림을 볼 수 있는 유일한 곳은 프랙털의 무한 반복 이미지일 것이다.

수학자들은 또한 좀 더 구체적인, 예컨대 이런 질문을 품는다. 무한대는 얼마나 큰가? 이 장에서 우리는 무한집합의 크기를 비교하고자 하나의 무한집합 원소들을 다른 무한집합 원소들에 대응시키는 재치 있는 방법을 알아볼 것이다. 우리는 무척이나 간단한 그 논거가 어떻게 우리에게 친숙한 두 개의 무한대, 즉 자연수와 실수가 같은 '크기'가 아님을 증명하는지를 보게 될 것이다.

수학에서 가장 도전적인 주제 중 하나로 알려진 '연속체 가설'은 자연수와 실수 사이에 다른 크기를 가진 무한대가 존재하는가를 묻고 있다. 우리의 현재 수학체계 안에서는 이 문제에 답할 수 없다. 이 질문에 답하려면 수학에 대한, 지금보다도 훨씬 더 깊은 이해가 필요할 것 같다.

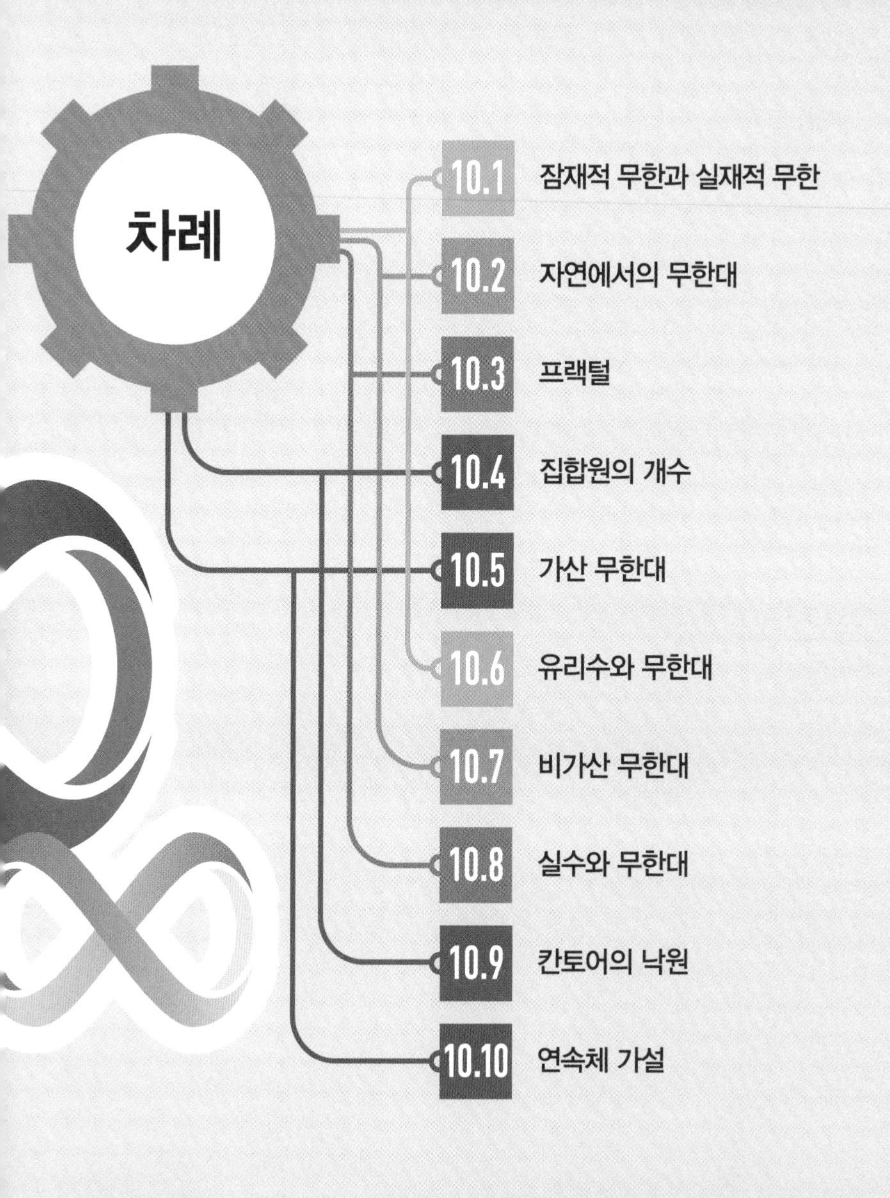
차례
10.1 잠재적 무한과 실재적 무한
10.2 자연에서의 무한대
10.3 프랙털
10.4 집합원의 개수
10.5 가산 무한대
10.6 유리수와 무한대
10.7 비가산 무한대
10.8 실수와 무한대
10.9 칸토어의 낙원
10.10 연속체 가설

10.1 잠재적 무한과 실재적 무한

그리스의 수학자이자 철학자였던 아리스토텔레스는 무한을 잠재적 무한과 실재적 무한 두 가지로 구분했다.

우리는 모두 무한대에 대한 직관적 이해를 갖고 있다. 끝나지 않는 것과 관련된 어떤 것. 끝없이 팽창하는 우주가 한 예다. 아무리 멀리 갈지라도 그 끝에 도달할 수 없다. 또 다른 예는 1, 2, 3, 4 등 끝없이 배열된 자연수다. 영원히 계속 셀 수는 있지만 절대 끝나지 않는 셈이 될 것이다. 이 예들은 무한대에 직면하는 것이라기보다는 무한대가, 끝나지 않는 무언가의 끝에 숨어 있는 것이다. 이 같은 종류의 무한대를 **잠재적 무한**이라고 한다.

잠재적 무한을 구성하는 각각의 것 자체는, 예를 들어 무한한 수열에서 각각의 숫자나 무한한 우주 안에서 각각의 점(별과 같은)은 유한이다. 그것을 아리스토텔레스는 《자연학(Physique)》에서 멋지게 표현했다.

"일반적으로 무한은 이 같은 존재방식을 갖는다. 어떤 것에는 항상 다른 것이 뒤따르고 있으며, 앞서 있는 각각의 것 역시 유한하지만 언제나 다르다."

대조적으로, **실재적 무한**은 (만약 존재한다면) 직면하는 무한이다. 예를 들어 어떤 것의 값이, 즉 어떤 블랙홀 안의 물질의 밀도가 특정한 공간과 시간의 지점에서 무한대가 되면 그것이 실재적 무한을 성립시킨다.

아리스토텔레스는 자연에서는 실재적 무한이 존재할 수 없다고 믿었다.

우주는 잠재적 무한인 것처럼 생각된다. 즉 우주는 모든 방향으로 무한히 확장하는 듯 보인다. 하지만 물리학자들은 정말로 그런지, 아니면 우주가 사실은 유한한지 확신하지 못한다.

10.2 자연에서의 무한대

어떤 인간도 무한대를 본 적이 없다고 하는 게 맞을 텐데, 그렇다면 그게 실제로 존재하는 것일까?

과학자들은 일반적으로 이 세상에서 어떤 무한대의 실제값을 예측하는 것은 그들이 이용하는 수학적 모델의 문제라고 가정한다. 아마 그 모델은 매우 단순할 것이고, 정보를 더 포함시키면 무한대는 사라져버릴 것이다. 또는 그 이론은 무한대가 예측되는 상황에는 아마도 더는 적용되지 않을 수 있다.

하지만 어떤 과학자들에게는 그럴듯해 보이는 **자연에서의 무한대** 예측이 있다. 예를 들어 우주론에서는 우주가 빅뱅으로 시작되었다는 이론이 있는데, 그때 우주는 무한대로 밀도가 높고 무한대로 작으며 무한대로 뜨거웠다. 이론적으로는 블랙홀도 예측된다. 이러한 이론은 오늘날에도 존재하며, 사실 거의 모든 은하마다 그 중심에 블랙홀을 지녔다고 생각되고 있다. 블랙홀은 무한대의 밀도를 가지며 그 중심에 무한대의 중력을 갖고 있다고 예측된다.

하지만 무한대가 있다면 어떻게 생겼을까? 우리는 블랙홀 안의 무한대가 어떻게 생겼는지 절대로 확실히 알 수 없다. 왜냐하면 그것은 어떤 지평선*에 의해 우리의 관측으로부터 가려져 있기 때문이다. 여기서 그 지평선은 빛 또는 정보를 포함한 그 무엇도 중력의 끌어당김에서 벗어날 수 없는 지점을 나타내는, 블랙홀을 둘러싼 우주의 영역이다.

"과거는 유한하지만 미래는 무한하다." - 에드워드 허블 (Edward Hubble; 1937년 확장하는 우주를 최초로 관측한 사람)

* Event Horizon, 물리학에서 말하는 '사건의 지평선'. 블랙홀의 바깥 경계를 가리키는 표현이다.

많은 과학자가 무한대의 예측을 약간 회의적으로 보지만, 또 어떤 사람들은 실제의 물리적 무한대가 존재하고 그 무한대가 우주의 구조에서 중요한 역할을 한다고 믿는다.

10.3 프랙털

프랙털은 아무리 자세히 확대해서 봐도 똑같은 복잡성을 가진 자기유사성 구조이다. 많은 프랙털이 단순한, 하지만 무한한 과정에서 나온다.

하나의 정사각형을 아홉 개의 작은 정사각형으로 나누어보자. 중앙의 정사각형을 없애면 여덟 개가 남는다. 그 정사각형들을 각각 다시 정사각형 아홉 개씩으로 나누고 중앙의 정사각형들을 제거하면 8×8=64개의 작은 정사각형을 얻게 된다. 각각의 정사각형에 이 과정을 무한히 반복한다. 즉 모든 단계에서 각 정사각형을 아홉 개의 작은 정사각형으로 나누고 중앙의 정사각형을 제거한다.

이 작업을 마치면(절대 끝낼 수 없을 게 명백하지만 그래도 상상력을 발휘해보자), 이상한 도형이 남을 것인데, 그것을 *X*라 하자. 이 *X*와 같은 것이 **자기유사성**(self-similar)이다. 아무리 확대해서 들여다봐도 그것은 똑같이 생겼다. 왜냐하면 (정사각형을 제거하는) 무한히 똑같은 절차가 그 구조 안에서 볼 수 있는 모든 정사각형에 적용되었기 때문이다.

*X*의 모양은 구멍으로 가득 차서 어떤 영역도 갖지 않는다. 영역을 포함하지 않으므로 *X*는 2차원이라 할 수 없다. 반면 *X*는 보통의 1차원 선이나 곡선보다는 훨씬 복잡하다. 수학자들은 이 이상한 종류의 개체의 차원을 정의하는 새로운 방법에 도달했다. 그리고 이 새로운 정의에 따라 우리의 도형 *X*는 1.8928차원을 갖는다.

프랙털은 그 차원이 정수가 아니라는 사실로 정의된다. 다시 말해 프랙털은 분수 차원이다.

시에르핀스키 카펫(The Sierpiński carpet)

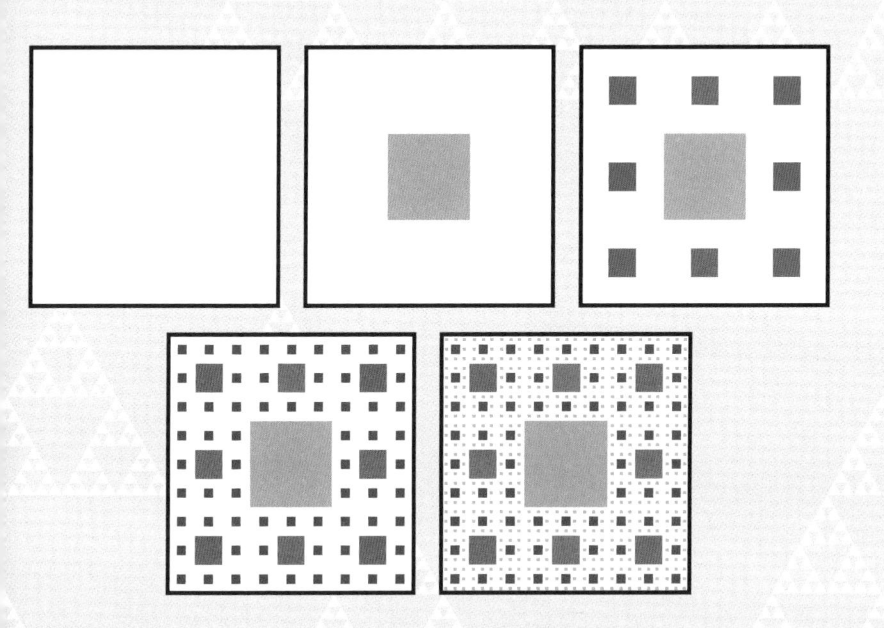

도형 X를 향한 처음 몇 개의 단계. 이것은 1916년 이것을 처음 설명한 바츨라프 시에르핀스키(Wacław Sierpiński)의 이름을 따라 시에르핀스키 카펫이라 불린다. 이 이미지의 배경에 있는 프랙털도 비슷한 방법으로 만들어지는데 정사각형이 아닌 삼각형으로 시작한다.

10.4 집합원의 개수

두 무한집합은 그 집합을 구성하는 개체들을 정확히 짝지음으로써 그 둘의 크기를 비교할 수 있다.

어떤 방이 사람과 의자로 가득 찼다고 상상해보자. 만약 모든 사람이 각각 한 개의 의자에 앉아 있고 남는 의자가 하나도 없다면 의자의 수가 사람의 수만큼 많은 것이다.

이 같은 아이디어를 수학자들은 개체들의 무한집합들에 적용한다. 예를 들어 의자들의 무한집합과 사람들의 무한집합. 한 집합의 각 개체를 다른 집합의 각 개체와 짝을 맞추는 방법이 있다면, 그래서 각 집합에 남아 있는 개체가 없다면, 그 두 집합은 크기 또는 **집합원의 개수**(cardinality)가 같다고 말한다. 그런데 이것은 말은 되지만 이상한 결과로 이어질 수 있다. 짝수 집합의 짝수를 자연수 집합의 자연수와 아래와 같이 정확히 짝지을 수 있다는 것에 주목하자.

2는 첫 번째 짝수이므로 1과 짝이 될 수 있다,
4는 두 번째 짝수이므로 2와 짝이 될 수 있다,
6은 세 번째 짝수이므로 3과 짝이 될 수 있다,

이렇게 계속된다. 위의 아이디어에 따르면 이것은 짝수의 집합이 모든 양의 자연수 집합과 집합원의 개수가 같다는 것을 의미한다. 비록 우리 생각으로는 짝수의 개수가 자연수의 절반에 그쳐야 할 것 같지만 말이다! 이상한 결과지만, 수학자들은 이를 받아들였다.

갈릴레오 갈릴레이(Galileo Galilei)는 이런 식의 결과로 인해 무한대에 대해 생각하는 일을 그만 내려놓기로 했다.

무한대 수의 의자에 앉아 있는 무한대 수의 사람들. 이 두 무한집합은 크기 면에서 비교될 수 있고 집합원의 개수가 같다.

10.5 가산 무한대

무한대를 어떻게 셀 것인가? 당연히 자연수를 이용해서…….

어릴 적에 혹시 호기심에서라도 무한대까지 세어보려 한 적이 있는가? 아무도 그 일에 성공한 적은 없지만 그게 언뜻 생각하듯 그리 바보 같은 모험인 것만은 아니다.

자연수에서의 무한대는 우리들 대부분이 처음으로 마주치는 무한대다. 생각하기 어려운 개념이지만 최소한 자연수의 무한대는 깔끔한 무한대다. 그곳으로 어떻게 가야 할지에 대한 확실한 지도가 있다. 즉 1로 시작해서 다음은 2, 그리고 3, 그리고 4, 그리고 계속.

자연수는 그렇게 질서정연하고 완전하게 열거될 수 있으며, 그래서 독일 수학자 게오르크 칸토어(Georg Cantor, 1845~1918)는 이런 식의 무한대를 **가산 무한대**라고 부르기로 했다. 그리고 이 무한대에서는 자연수만이 아니라 짝수도 깔끔하게 셀 수 있다(10.4 참조). 즉 2로 시작해서 다음은 4, 그리고 6, 그리고 8, 그리고 계속. 홀수도 비슷한 방법으로 나열할 수 있다(n번째 수는 2n−1이다). 만약 무한집합의 원소들을 이 같은 방법으로 나열할 수 있다면, 그것들을 자연수와 짝지을 수 있다. 나열의 첫 숫자는 1과 짝하고, 2번째 숫자는 2와 짝하고, 그렇게 계속되는 것이다. 그와 같은 집합은 자연수와 같은 '크기' 또는 집합원의 개수를 가지며 또한 가산 무한대다.

자연수의 가산 무한대는 가장 작은 무한대다.

힐베르트의 호텔(Hilbert's hotel)은 '사고실험'이었는데, 거기서는 모든 손님을 n개의 방으로 이동시킴으로써 어떤 유한한 수 n명의 손님들이 새로 도착하더라도 다 받을 수 있었다. 이 사고실험은 우리가 가산 무한대의 새로운 손님들을 수용할 수 있게 해준다.

10.6 유리수와 무한대

얼핏 보기에 자연수보다 작은 집합이거나 큰 집합이라 할지라도 실제로는 가산 무한대일 수 있다.

가산 무한대에서 이상한 것 중 하나는 자연수보다 명백히 작아 보이는 집합이 실제로는 '크기' 또는 집합원의 개수가 자연수 집합과 같다는 점이다. 예를 들면 짝수를 나열하는 순서는 즉시 자연수와 짝을 이루게 한다(10.4 참조).

또한 유리수도 완전한 나열이 가능하다. 즉 분수 p/q이며 여기서 p와 q는 자연수다. 얼핏 생각하면 이것은 불가능해 보일 것이다. 자연수 1과 2 사이에는 무한대로 많은 분수가 있다. 1/2, 1/4, 1/8, 1/16 그리고 계속. 하지만 셀 수 있는 유리수, 즉 유리수도 가산 무한대라는 것을 보여줄 현명한 방법이 있다.

이를 위해서는 유리수를 격자 위에 적어야 하는데, 가로줄 i 세로줄 j의 수를 i/j로 한다. 이 격자는 1/1=2/2=3/3같이 반복된 수를 포함해 모든 유리수를 포함한다. 그러면 241쪽에서 보는 바와 같이 이리저리 대각선으로 움직이며 유리수를 나열할 수 있다. 그 나열에 반복된 수들이 어느 정도 있지만, 이전에 나왔던 수는 어떤 수라도 그 나열에서 뺄 수 있다. 남는 것은 자연수와 유리수의 짝이다. 결국 유리수도 셀 수 있다.

독일의 수학자 게오르크 칸토어는 1870년대에 유리수가 가산 무한대라는 이론을 처음 증명했다.

유리수 나열하기

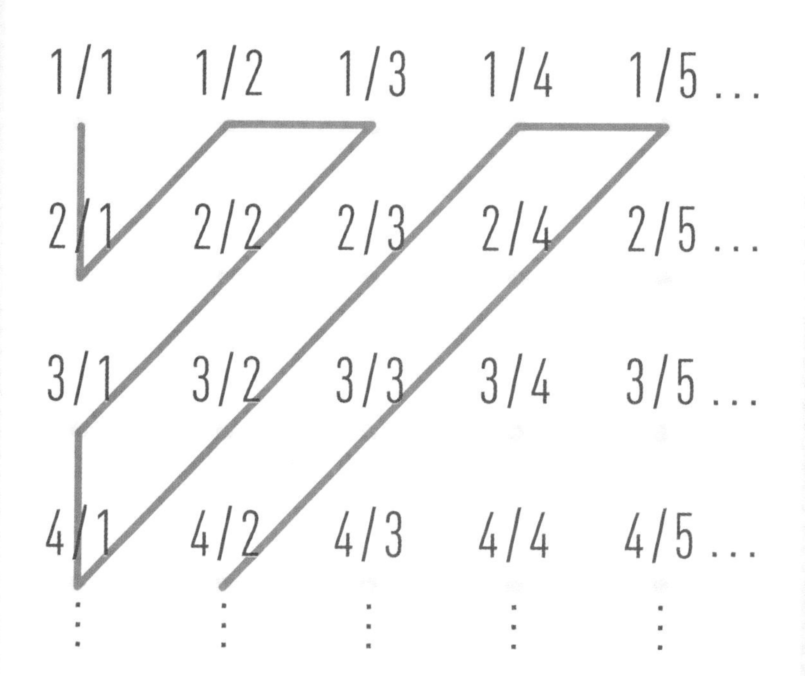

위 격자를 이용해 유리수를 질서정연하고 완전하게 나열할 수 있다.

10.7 비가산 무한대

자연수의 무한대보다 '더 큰' 무한대가 존재한다. 실수에 의해 시현된 그것은 비가산 무한대다.

실수는 수의 선에서 찾은 모든 수이며 자연수, 음수, 유리수 그리고 무리수를 포함한다. 만약 무한대로 긴 자를 생각한다면, 자 위의 모든 점은 실수로 주어지며 모든 실수는 자 위에서 점으로 주어진다.

자연수는 무한대의 긴 자에서 1만큼의 거리를 두고 분리된 점들의 집합을 형성한다. 이것은 실수의 무한대가 자연수의 무한대보다 '더 크다'는 의미다. 자연수는 그 수들 사이에 똑같은 간격을 가지는 반면, 실수는 그 간격을 메우고, 결과적으로 간격이 없는 **연속체**를 만든다.

이 직관은 사실인 것으로 나타났다. 다시 말해 자연수와 하나하나 짝을 이룰 수 있게 실수를 나열할 방법은 없다. 10.8에서 다룰 주제로 알 수 있겠지만, 그렇게 나열하다 보면 틀림없이 최소한 한 개의 실수를 빠트릴 것이며, 이는 실수의 집합이 자연수의 집합보다 더 큰 집합원의 개수를 갖는다는 것을 의미한다. 실수의 무한대는 **비가산 무한대**라 부른다.

자연수와 1대 1로 대응시킬 수 없는 모든 무한대 집합을 가리켜 '비가산 무한대'라 부른다.

0과 1 사이의 실수조차 셀 수 없는 무한대, 즉 비가산적으로 무한대다.

무한대 속의 무한대

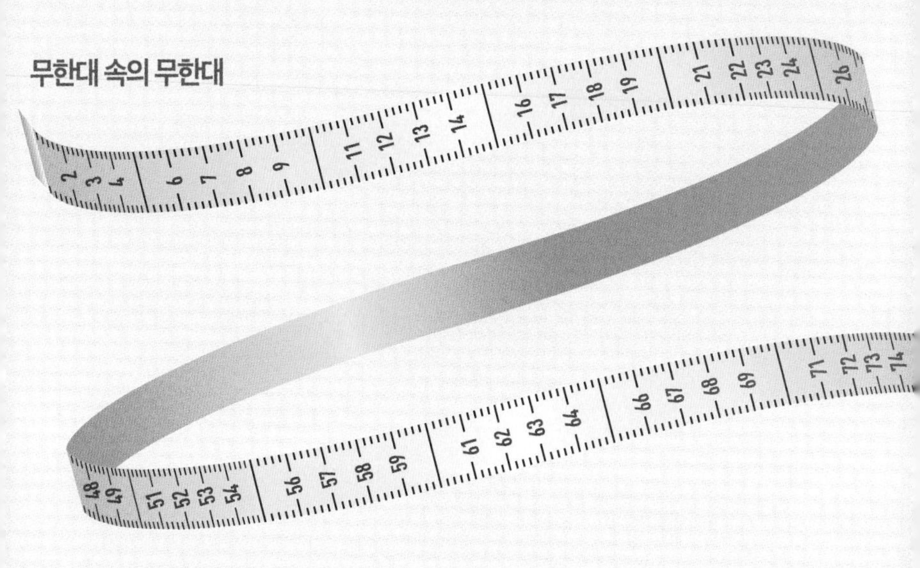

위 줄자는 다음을 포함한 모든 실수를 갖고 있다.

$$\sqrt{2} = 1.414213562373095\ldots$$

$$e = 2.718281828459045\ldots$$

$$\pi = 3.141592653589793\ldots$$

위 줄자에 나타난 실수는 1, 2, 3과 같은 일반적인 수와 1.4, 2.8, 3.2 같은 사잇수 등으로 표현된 모든 수를 포함한다. 이 수들 뒤에 숨어 있는 수가 $\sqrt{2}$, e, π를 포함한 무리수다.

10.8 실수와 무한대

'모순에 의한 증명'을 이용하면 실수는 셀 수 없음을 증명할 수 있다.

'**실수**는 셀 수 있다'라는 가정으로 시작해보자. 즉 자연수와 일대일로 대응시킬 수 있다. 이것은 모든 실수를 나열할 수 있다는 뜻이며, 예를 들면 그 나열은 0.23456…; 3.67896…; −6.65434…; 0.8566… 이런 식으로 계속될 것이다. 여기서 점들은 소수점 뒤로 계속, 아마 영원히 확장될 것임을 나타낸다. 명백히 위의 나열은 무한대로 길 것이다(또한 0.999…=1 같은 모호성도 고려할 필요가 있는데, 그것은 어렵지 않다).

이제 새로운 수를 만들어보자. 0으로 시작해 그 뒤에 소수점을 찍고 소수점 첫째자리에 위 나열의 첫 번째 수의 소수점 첫째자리 숫자를 넣고, 둘째자리에 위 나열의 두 번째 수의 소수점 둘째자리 숫자를 넣고, 이런 식으로 계속한다. 그러므로 우리가 만드는 새로운 수는 0.2746…이 된다. 이제 각 숫자들을 1씩 증가시킨다(숫자가 9면 0으로 올린다). 이로써 우리의 수는 0.3857이 된다.

이 수는 위에 나열했던 첫 번째 수와는 다른데, 왜냐하면 소수점 뒤 첫째자리 수가 다르기 때문이고, 그것은 또한 그 나열의 두 번째 수와도 다른데, 왜냐하면 소수점 뒤 둘째자리 수가 다르기 때문이며, 이렇게 계속된다. 결국 우리가 만든 새로운 수는 위에 나열되었던 모든 수와 다르며, 그것은 이 수가 위의 나열 안에 없다는 의미다. 그런데 위 나열은 모든 실수를 포함한다고 가정했기 때문에 이것은 모순이다. 따라서 우리의 원래 가정('실수는 셀 수 있다')은 거짓이다. 즉 실수는 셀 수 없다.

이 증명은 수학자 게오르크 칸토어의 이름을 따라, 칸토어의 대각선 논법(Cantor's diagonal argument)이라 부른다.

칸토어의 대각선 논법

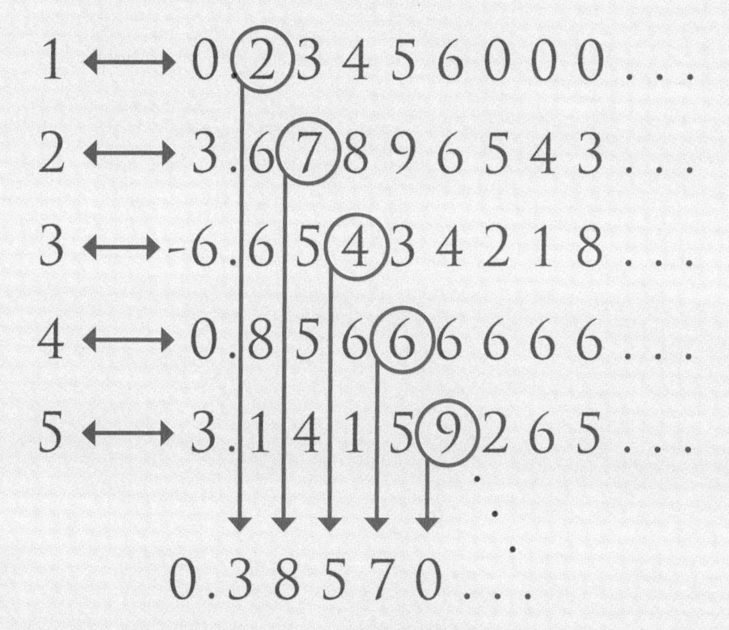

'칸토어의 대각선 논법'은 자연수와 1대 1로 대응할 수 없는 어떤 수들이 존재한다는 것에 대한 수학적 증명을 제시했다.

10.9 칸토어의 낙원

실수는 자연수의 멱집합과 같은 '집합원의 개수'를 갖는다.

집합은 개체들의 모음이다. 예를 들어 수 1, 2와 3은 하나의 집합을 만든다. 한 집합의 **부분집합**은 몇 개의 같은 개체로 만들어졌으며, 아마 더 작은 모음이다. 즉 집합 S={1, 2, 3}의 부분집합들은 {1}, {2}, {3}, {12}, {13}, {23}, {123}과 공집합인데, 공집합은 그 안에 아무것도 없는 것이다. 집합 S의 부분집합들의 모음은 그 자체로 집합을 이룬다. 그것을 집합 S의 **멱집합**이라 부른다.

어떤 집합의 멱집합은 어느 정도 클까? 집합 S의 멱집합의 집합원의 개수(농도) 또는 '크기'는(10.4 참조) 항상 2를 S의 집합원의 개수만큼 거듭제곱한 것이다(2^n, n=S의 집합원의 개수). 이것은 위의 사례와 같은 유한집합에서 적용된다. 즉 S의 집합원의 개수는 3이고, S의 멱집합의 집합원의 개수는 2^3=8이다.

이것은 무한집합에서도 적용된다. 예를 들어 자연수의 멱집합의 집합원의 개수는 $2^{\aleph_0}$이며, 여기서 $\aleph_0$는 자연수의 집합원의 개수이다($\aleph$은 히브리 문자 알레프(aleph)다). 칸토어는 집합 S의 원소들과 S의 멱집합의 원소들은 절대 짝을 이룰 수 없음을 보였다. 즉 멱집합의 집합원의 개수는 항상 단연코 더 '크다'.

이 같은 방법으로, 칸토어는 무한대의 무한대를 밝혔다. 자연수의 집합으로 시작해, 그다음 계속해서 멱집합들을 만들면 무한집합들의 무한나열을 만들게 되며, 각 무한집합은 이전 무한집합보다 집합원의 개수가 크다.

게오르크 칸토어는 자연수의 가산 무한대와 실수의 비가산 무한대보다 더 무한한 무한대를 밝혀냈다.

멱집합

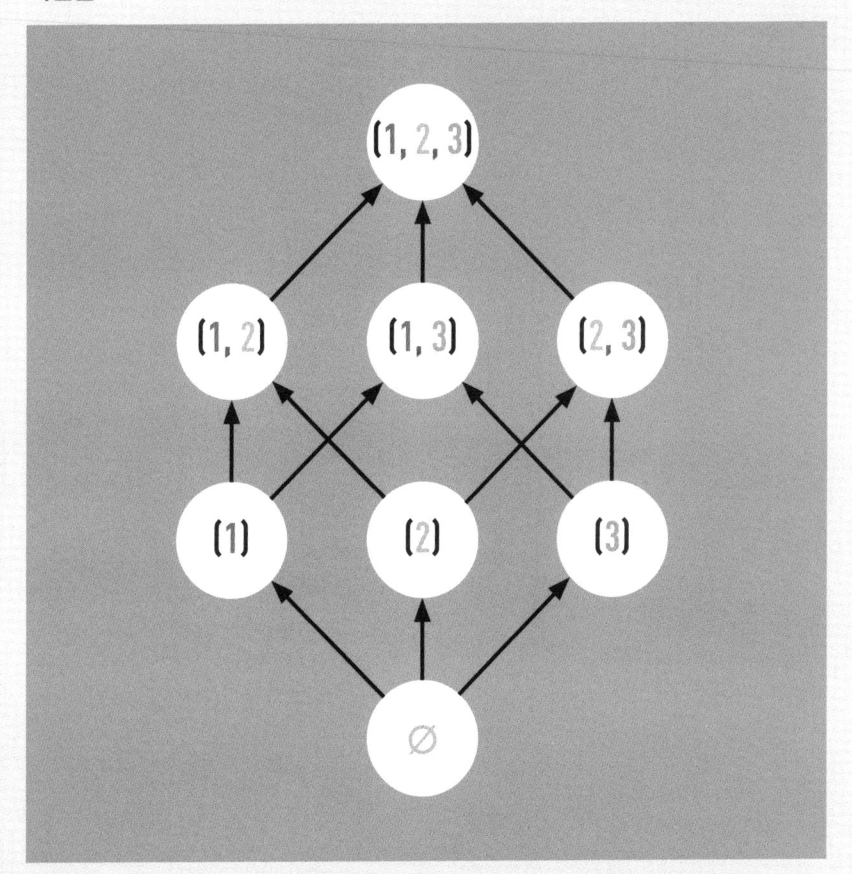

칸토어는 이 무한수들에 대한 수론을 만들었다. 많은 수학자가 그의 작업에 두려움을 나타냈지만, 다비트 힐베르트(David Hilbert)는 이렇게 말했다. "아무도 우리를 칸토어가 만들어낸 낙원에서 추방하지 못할 것이다."

10.10 연속체 가설

자연수의 집합원의 개수는 실수의 집합원의 개수보다 단연코 작다는 것을 우리는 안다. 하지만 그 둘 사이에 또 다른 무한대가 존재할까?

1870년대, 칸토어는 무한의 위계가 있음을 밝혀냈다. 그 첫 번째, 즉 가장 작은 것은, $\aleph_0$인데 이것은 자연수의 집합원의 개수이다.

그 다음은 실수의 집합원의 개수, 즉 $2^{\aleph_0}$이다. 우리가 아직 모르는 것은 이들 둘 사이에 어떤 무한대가 있는가 하는 것이다.

연속체 가설(실수도 '연속체'로 알려져 있으므로 이렇게 부른다)에 따르면 그 사이에는 다른 무한대가 없다. 자연수의 집합원의 개수 바로 위 단계에서 가장 큰 무한대는 실수의 집합원의 개수이다.

이것을 생각하는 더 확실한 방법은 $\aleph_0$와 $2^{\aleph_0}$사이의 집합원의 개수를 가진 실수의 부분집합이 있는지를 물어보는 것이다.

이 질문은 오늘날까지 답을 얻지 못한 채 남아 있다. 나아가 그 질문은 현재 사용되는 수학의 공리 안에서는 답할 수 없다고 알려져 있다(9.10 참조). 이것은 몇몇 수학자를 실망시켰다. 그들은 그것이 중요한 질문이며, 답할 수 있어야 한다고 느낀다. 따라서 연속체 가설을 해결할 새로운 공리에 대한 탐구는 계속될 것이다.

집합론은 칸토어가 시작한 연구 분야로, 지금까지도 활발히 연구되고 있다.

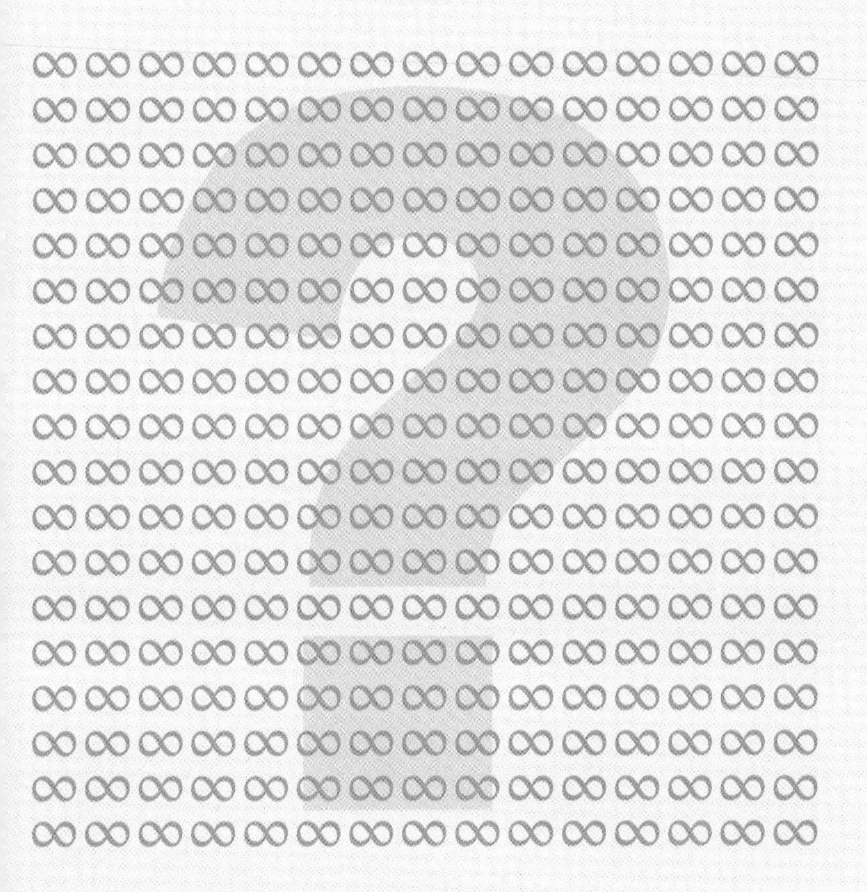

'페르마의 마지막 정리' 같은 유명한 문제와 달리 '연속체 가설'은 수학의 기초에 근본적 변화가 일어나느냐 마느냐에 따라 오직 증명되거나 증명되지 못할 것이다.

용어 설명

거듭제곱(power)
다른 숫자 뒤에 위첨자로 쓴 수이며, 앞의 수가 그 자신과 몇 번을 곱해져야 하는지를 나타낸다.

결정불가능성 명제(undecidable statement)
수학적 논리 안에서, 어떤 체계 안에서 인정된 공리들로부터 증명될 수도 반증될 수도 없는 명제.

곱(product)
두 개 이상의 수를 모두 곱하기 한 결과.

공리(axiom)
의심의 여지 없이 받아들여지는 수학적 명제이며 수학적 주장을 개발하는 전제가 되는 것.

극한(limit)
수열이나 급수가 수렴하는 값.

급수(series)
무한히 많은 항의 합.

기하급수(geometric series)
전후의 항 사이에 공통의 비율이 있는 수학적 급수.

다각형(polygon)
평면 위에 몇 개의 직선을 변으로 해서 그려진 도형.

대칭(symmetry)
회전, 반사, 이동 같은 변동에도 변화가 없이 남아 있는 개체의 속성(기하학적 모양 같은).

동력계(dynamical system)
날씨와 같이 시간에 따라 변하는 체계.

무리수(irrational number)
분수로 나타낼 수 없는 실수.

미적분(calculus)
변화와 관련된 수학의 한 분야. 미분은 변화율과 관련된다(그래프의 기울기로 표현). 적분은 변화하는 상황과 연결된 수량의 축적과 관련된다(그래프 아래의 면적으로 표현).

발산(divergence)
수열이나 급수가 무한대로 가는 성질.

방정식(equation)
좌우의 항이 균형인 수학의 등식. 달리 말하면, 양변의 항(수, 변수 및 상수)이 서로 동등한 관계.

변수(종속)(variable (dependence))
임의의 또는 미지의 값을 갖는 방정식의 한 원소이며, 일반적으로 x 또는 y 글자로 나타낸다. 변수는 종속변수이거나 독립변수이다. 종속변수는 하나 또는 그 이상의 변수의 값에 의존하는 값을 가진다.

부분집합(subset)
그 집합의 모든 원소가 다른 집합의 원소인 집합.

부분합(partial sum)
수학적 급수에서 어떤 특정 항까지 모든 항을 더한 것.

상수(constant)
수학의 방정식에서 나타나는 특정하고 값이 변하지 않는 수 또는 일반적으로 수학에서 중요한 의미의 값을 가진 수.

소수(prime number)
그 자신과 1로만 나눌 수 있는 수.

수렴(convergence)
수열이나 급수가 하나의 극한의 값에 다가가는 성질.

실수(real number)
마이너스 무한대에서 무한대까지 뻗어 있는 연속체 위의 점을 나타내는 수.

위치수체계(positional number system)
숫자의 값이 그 위치에 종속되게 수를 기록하는 방법.

유리수(rational number)
분수로 나타낼 수 있는 수.

일반해(geometric series)
모든 특정한 형태의 방정식에 답을 줄 수 있는 한 개의 공식. 예를 들어 이차방정식의 근의 공식은 모든 이차방정식에 답을 준다.

자기유사성(self-similarity)
개체 전체가 그 자체의 일부와 비슷하거나 동일한 개체들의 속성을 말하며, 따라서 그 개체는 여러 척도에서 같은 속성을 나타낸다.

자연수(natural number)
1, 2, 3 등의 세는 수.

조화급수(harmonic series)
n번째 항이 $1/n$인 수학적 급수. 급수는 발산하며 음악에서 발견된 배음과 화성악과 연관된다.

좌표(coordinates)
공간에서 유일한 점을 정의하게 하는 기준체계로, 예컨대 2차원 평면 또는 3차원 공간에서의 점.

증명(proof)
명제가 참임을 보여주는, 반박의 여지가 없는 논리적 주장.

집합(set)
수나 기하학적 모양들의 모음. 집합의 이론적 속성을 조사하는 것은 수학에서 가장 근본적인 개념 중 하나다.

카오스(chaos)
예측이 불가능한 동역학계의 성향.

프랙털(fractal)
(대략의) 자기유사성을 가지며 차원이 정수가 아닌 도형.

허수(imaginary number)
허수 i($\sqrt{-1}$)의 배수로 나타낸 수. 수 i는 실수의 선에서는 찾을 수 없다.

찾아보기

감사의 말

지난 15년간 수학의 경이를 탐험하게 해준 Millennium Mathematics Project(mmp.maths.org)와 매거진 *Plus* (plus.maths.org)에 감사드린다.

그림 제공

퀀텀 북스(Quantum Books Limited)는 이 책에 그림을 제공해준 분들에게 감사드린다.

7, 51 Jos Leys-www.josleys.com; 15 The Royal Belgian Institute of Natural Sciences, Brussels; 47 Charles Trevelyan; 63 DEA PICTURE LIBRARY; 71 Shyshell; 75 The Opte Project; 81 Adam Cunningham and John Ringland via Wikipedia; 87 Shutterstock/Hadrian; 93 Shutterstock/keko-ka; 105 Wikimedia Commons; 111 Shutterstock/images72; 113 Shutterstock; Robert Adrian Hillman; 119 Shutterstock/studiostoks; 125 Shutterstock/Yuganov Konstantin; 129 Shutterstock/isak55; 135 Shutterstock/IR Stone; 145 Eric Gaba (Sting) via Wikipedia; 149 Shutterstock/Dan Breckwoldt; 151 Adam Weyhaupt, Southern Illinois University Edwardsville; 159 Shutterstock/konmesa; 165 Shutterstock/Carlos Amarillo; 175 Wikimedia Commons; 183 Shutterstock/Chantal de Bruijne; 185 User: Dschwen. via Wikipedia; 187 Shutterstock/romvo; 189 Ve4cib via Wikipedia; 191 Michael G. Devereux; 193 Wikimedia Commons; 195 Wikimedia Commons; 201 Shutterstock/block23; 207 Wikimedia Commons; 209 Shutterstock/Mara008; 211 Shutterstock/Anna Bogatireawa; 217 Shutterstock/TijanaM; 221 Shutterstock/Alexei Novikov; 223 EMILIO SEGRE VISUAL ARCHIVES/AMERICAN INSTITUTE OF PHYSICS/SCIENCE PHOTO LIBRARY; 231 Shutterstock/Anton Jankovoy; 233 Shutterstock/Hallowedland; 237 Shutterstock/Ficus777.

제공해준 모든 분을 포함하고자 노력했으나, 혹시라도 누락과 실수가 있다면 퀀텀북스가 사과드리며 장차 판을 거듭하면서 적절히 시정해나가겠습니다.